ベジタリアン哲学者の動物倫理入門

浅野幸治 著
ASANO Kozi

ナカニシヤ出版

はじめに

❖動物倫理入門とは？

この本は、動物倫理入門の本です。でも、動物倫理入門て何でしょう。動物の倫理の入門です。分かってもらえますか。きっと、分からないという人もいるでしょう。「動物」と「倫理」と「入門」の中では、たぶん「倫理」が一番難しいでしょう。ですから、「倫理」から説明します。「倫理」というのは、人間がどのように生きるべきかということ、行動規範、人としての道と言い換えることができます。三つも言い換えをしたので、なんとなくこんなものかなと意味を摑んでもらえたでしょうか。なんとなくでいいんです。なんとなくで十分です。一応分かったような気になってもらえれば良しとしましょう。今はまだ出発点なんですから。では次に「動物」と「倫理」の間にある「の」って分かりますか。「の」って簡単そうで、難しいんですよ。「動物」と「倫理」の間にある「の」は、動物が倫理を持つとか、動物が行う倫理とかいう意味ではありません。動物を相手とした倫理という意味です。ましてや、「動物という倫理」でもありません。これは、動物に関わる倫理、動物を相手とした倫理という意味です。倫理は人間の行動規範なので、「動物の倫理」は、人間が動物に対してどのように振る舞うべきかということになります。

では、もう一つ、「動物」って何でしょうか。分かりますか。「そんなことぐらい分かるよ」と皆さんはおっしゃるでしょう。私も皆さんをバカにしたいわけではありません。皆さんは、「動物」という言葉の意味を知っています。「動物」というのは、犬や猫や虎やライオンのことです。でも、それは一つの言葉を別の言葉で言い換えただけの理解ですよね。私がもう少し聞きたいのは、動物のことを知っていますか、ということです。動物学者でもない限り、虎やライオンの生態をくわしく知っている人はあまりいないだろうと思います。犬や猫なら家で飼っている人は、犬や猫のことが分かるでしょう。でも犬も猫も飼ったことがないという人もいると思います。では、みんなで共通の理解を得るためには、どうしたらいいでしょうか。みんなが知っている動物っていますか。あっ、いましたよ。私たちみんなにとって一番身近な動物、みんながよく知っている動物は、人間です。ですから、動物というのは、何よりもまず私たち自身のことであり、私たちとよく似た他の生き物のことです。

最後に、「入門」というのは、手ほどきという意味です。ですから、この本で私は、動物倫理について皆さんに分かりやすく説明していきます。皆さんが「難しくって、何が書いてあるのかよく分からない」と感じることがないように頑張ります。

❖本書の特徴

とは言うものの、この本には他の入門書と違う特徴もあります。それは、この入門書が「ベジタリアン哲学者の」書いた入門書だということです。他の多くの入門書では、それぞれの分野におけるさまざまな考えが紹介・解説されます。場合によっては、さまざまな考えが歴史的順序で説明されます。そうすると学説史になります。かくして他の多くの入門書では、過去のさまざまな考えや現在のさまざまな考えが世界の事実として皆さんに示されます。そうした考えを学んだ皆さんは、知見を広めることができます。しかし、だからどうだというのでしょうか。少なくとも皆さんは知識が増えて、賢くなるでしょう。でも、多くの場合、それだけに留まります。他の多くの入門書には二つの問題点があると私は思います。第一に、著者は他人の考えを他人事として紹介しているだけです――自分の立場を明らかにせず、自分自身を批判に晒しません。たとえ他人の考えが批判されたとしても、それは他人の責任であって、著者は責任を負いません。第二に、読者は、著者による学説紹介の観客に留まります。著者は、それぞれの考えの長所・短所を教えてくれるでしょう。ですから読者は、それぞれの考えをよく理解できるでしょう。ひょっとしたら、試験で良い答案を書けるかもしれません。しかし、たいていの場合、読者はたくさんの知識に圧倒されて終わりです。どうしてこうなるのでしょうか。よく分かりません。ひょっとしたら、著者も読者も客観的知識の伝授に努めているからかもしれません。そういう書き方に私は不満があります。そういう書き方は、著者にとっても読者にとっても、真剣に考えることにつながらないからです。

この本で私は自分自身の考えを述べます。もちろん私の考えは必ずしも私の独創ではありません。私と同じ考えの人はたくさんいますし、過去にもいました。けれども私は、そういう他の人たちの考えを紹介するのではありません。私と私に賛同する人たちの考えを自分の考えとして述べると言えば、僭越に聞こえるでしょうか。むしろ、私と私が賛同する人たちの考えをその代弁者として述べると言ったほうがよいかもしれません。私は、自分が真実だと思う考えを書きます。他の考えは、私が否定する考えとして、あるいは私の考えとは違う考えとして必要な限りにおいて紹介します。

「入門」とよく似た言葉に「誘い」という言葉もあります。何か特定の分野に誘い入れるわけです。私は、皆さんを私の考えに誘い入れるために本書を書きます。ですから、この入門書は、誘い的性格の強い入門書です。皆さんは、私に賛同するか、賛同しないか、決断を迫られます——自分で考えることを強いられます。賛同するならば、ぜひそのように行動してください。賛同しない場合には、なぜ賛同しないのか、を明らかにしてください。皆さんがどっちの結論に至るにしても、この本を読んで考えることは、皆さんの人生——皆さんが現に生きること——の質を高めてくれると思います。

❖諸悪莫作、衆善奉行

さて、話は変わりますけれども、皆さんは、「諸悪莫作、衆善奉行」という言葉を知っていますか。この八つの漢字は、「しょあくまくさ、しゅぜんぶぎょう」と読みます。見てのとおり漢文です。この八文字の漢文は、ときどき、お寺さんの前に書いてあります。少なくとも私の家の近くにあるお寺さんの前には、この言葉を記した石碑が建っています。実は、この言葉は仏教の開祖ゴータマ・ブッダの教えです。(1) もちろん、この言葉は漢字で書いてあるので、漢訳です。(2) 日本語で言うと、「さまざまな悪いことをするな、さまざまな善いことを行え」という意味です。

意味が分かったところで、この言葉について皆さんは、どう思いますか。私は、最初、なんてバカな言葉なんだろうと思いました。どうしてかと言うと、「悪いこと」というのは、するべきでないことという意味でしょう。「善いこと」というのは、行うべきことという意味でしょう。だから、この言葉が意味するところは要するに、「するべきでないことをするな、行うべきことを行え」ということになります。そうするとたしかにこの文は正しいでしょう。するべきことはするべきであり、行うべきでないことは行うべきでないと言っているのですから。しかし、それは言葉の意味からして正しいのであって、述べている内容が正しいのではありません――というよりも、述べている内容が何もないのです。つまりこの言葉は、世界の現実が何であっても、真理が何であっても文法的に正しいけれども、内容空疎な文にすぎません。実際にこの言葉を聞いたとしても、皆さんはいっこうに賢くならないでしょう。この言葉の決定的な難点は、何が悪いことであり、何が善いことであるかを述べていないところです。ですから私は、何が悪いことであり、何が善いことであるかを言ってくれなきゃ意味ないじゃん、と思いました。

でもあるとき、気が付きました。何が悪いことであり、何が善いことであるかを敢えて言わない、そのことの意味は、「そんなこと聞くな」ということです。何が悪いことであり、何が善いことであるかに答えない、そのことの意味は、「そんなこと自分で分かっているだろう、分かっていることを人に聞くのはおかしい」ということなのです。さらに言えば、こういう趣旨だと思います。

「分かっていることを聞こうとするのは要するに、やりたくないという気持ちがあるからだろう。それがおかしい。何が悪いことであり、何が善いことであるかはすでに自分で分かっているのだから、それを実行すればよいだけの話だ。さあ、実行しなさい。」

たしかに何が悪いことであり、何が善いことであるかは、それほど難しいことではない、誰でも知っている簡単なことでしょう。その簡単なことを実行しなさいというのが、「諸悪莫作、衆善奉行」の教えなのです。

しかしながら、誰でも知っているような簡単なことでも、私たちは見て見ぬふり、知らんぷりをする傾向があります。だから、すでに自分で知っていることでも、やはりそれを思い起こす必要があります。この点に関して、仏教では五戒が有名です。五戒とは、仏教の根本にある実践的教えで、不殺《ふせっ》生戒《しょうかい》、不偸盗戒《ふちゅうとうかい》、不邪淫戒《ふじゃいんかい》、不妄語戒《ふもうごかい》、不飲酒戒《ふいんしゅかい》の五つです。意味を言うと、生きものを殺すな、ものを盗むな、淫行をするな、嘘をつくな、酒を飲むな、ということです。この中でも不殺生戒は、五戒の筆頭に来る一番重要な教えです。私たちがゴータマ・ブッダの言葉を読む機会はめったにないと思われるので、不殺生戒を述べるゴータマ・ブッダの言葉を引用しましょう。

> 生きものを（みずから）殺してはならぬ。また（他人をして）殺さしめてはならぬ。また他の人々が殺害するのを容認してはならぬ。世の中の強剛な者どもでも、また怯えている者どもでも、すべての生きものに対する暴力を抑えて――(3)。

これを読んで皆さんは、どう思いますか。多くの人は、「そんなこと分かってる、生きものを殺したりしないよ」と思うでしょう。しかし、釣りをする人は、「ええっ、自分は釣りをして最終的に魚を殺すけどなあ」と思われるかもしれません。そういう人のために、ゴータマ・ブッダの逸話があります。「あるときブッダは托鉢のために、サーヴァッティ（舎衛城）の町まで行き、その帰り道に、小川で子供達が魚をつかまえて遊んでいるのに出会いました。ブッダがふと立ち止まって見ていると子供たちが、魚にむごい仕打ちをしています[4]。」そこでブッダは、子供たちに語ります。

「おまえたち、子供たちよ。きみたちは苦しみを恐れるか。苦しみはきみたちにとって不快（好ましからぬもの）であるか。」

（子供たちは答えた）「そうです。尊師さま。ぼくたちは苦しみを恐れます。苦しみはぼくたちにとって不快です」

（ブッダは偈をもって答えた）「もしも、苦しみがそなたたちにとって不快なものであるならば、おおっぴらでも、こっそりでも、悪いことをしてはならない。」——『ウダーナ』[5]

ですから、魚釣りをする人は、魚も生きものであることを思い出してください。

ちょっと待って、今、ゴータマ・ブッダの言葉が二つ引用されたけど、それらは異なっている、と思った人がいるかもしれません。一つ目の言葉は、殺すな、と述べていました。二つ目の言葉は、それほど明確でありませんけれども、苦しめるな、むごい仕打ちをするな、と言っているように思われます。殺すということと、苦しめたりむごい仕打ちをしたりすることは、同じではないでしょう。だから、殺すなということから、苦しめたりむごい仕打ちをしたりするなということは出てきませんし、苦しめたりむごい仕打ちをしたりするなということからは、殺すなということが出てきません。つまり、殺すのはいけないけれども苦しめたりむごい仕打ちをしたりするのはいいよという可能性や、苦しめたりむごい仕打ちをしたりするのはいけないけれども殺すのはいいよという可能性があるわけです。

しかし、はたしてそうでしょうか。この点に関してゴータマ・ブッダの考えは明確です。ブッダは、先の「生きものを殺してはならぬ、生きものを害してはならぬ」[6]と述べています。一つ目の言葉の中でも、殺すことが「暴力」という一般的な表現に言い換えられていました。別のところでブッダは、不殺生戒が禁じる暴力を具体的に「生きものを殺すこと、打ち、切断し、縛ること」[7]というふうに述べています。ですから、こうしたことが不殺生戒で禁止される悪いことなわけです。そういう次第なので、不殺生戒の思想は、現代ではより適確に、「非暴力の思想」とも呼ばれます。

ひょっとすると、私があまりにゴータマ・ブッダの話をするので、皆さんは「んっ、なんか変だぞ。この本は仏教の本なのかな」と訝しく思われたかもしれません。たしかに、ベジタリアンと仏教は仲良しです。また本書の最後のほうでも仏教の話をします。しかし、私自身は、仏教徒でありません。輪廻や浄土といった仏教神話にも興味がありません。私が共感し感銘をうけるのは、生き物に対するブッダの感受性です。その点で、ゴータマ・ブッダは動物倫理の偉大な先駆者だと思います。そういう関連があるものの、本書はあくまでも動物倫理の本です。動物倫理に関心をもって本書を手に取ってくれたかたも、ご安心ください。

では、これから私は、動物倫理について——より具体的には、動物にも権利があるということ——について述べていきます。どうかしばらくお付き合いください。

（1）出典は『法句経（真理のことば）』一八三句です。
（2）現存の原典はパーリ語で書かれています。
（3）『ブッダのことば（スッタニパータ）』三九四句。三九四～三九九句で五戒が順々に述べられていて、これはその最初の句です。
（4）中村・田辺『ブッダの人と思想』、一一四頁。
（5）同上。この対話のもともとの出典は『ウダーナ』第五章4「少年たち」です。ブッダが教えを述べた最後の三行は、岩波文庫の『感興のことば（ウダーナヴァルガ）』第九章三句でも確認できます。
（6）『ブッダのことば』四〇〇句。
（7）『ブッダのことば』二四二句。ただし、一部の漢字をひらがなに直しました。

目次

ベジタリアン哲学者の動物倫理入門

第1章　基本的人権から「基本的動物権」へ

「はじめに」の引用で子供たちも述べていたように、私たちは苦痛を嫌悪します。苦痛は、ただ痛くて苦しいから嫌なのです。一般的に苦痛は、私たちの生を絶望的なものにしたり、真っ暗なものにしたり、灰色にしたりします[1]。少し歯が疼くだけでも、かなり憂鬱になります。激しい痛みであれば少しであっても、私たちは「ギャー」とか「アチッ」とか「イテ」とか叫び声を上げるでしょう。苦痛が持続する場合には、普通の日常生活がほとんど不可能になります。反対に、苦痛のない普通の生活は、素晴らしいものです。何かが見えたり音が聞こえたりするだけでも、かなり心地よいものです。足があって自由に歩くことができれば、快感と言ってよいでしょう。陽光の温かみを感じたり、さわやかな風の流れを感じたりするだけでも、嬉しい気持ちになります。

それだけではありません。私たちは死を嫌悪します。死が何であるのか、私にはよく分かりません。それでも私は死を恐れ嫌悪します。どうしてでしょうか。私は死を経験したことがありません。それでも死を、私が消えてなくなることというように理解しています。もちろん、私が死んだ後でも、私の死体はしばらくの間あるでしょう。その私の遺体もまもなく焼かれて、遺骨と遺灰だけになってしまうでしょう。そのときには、私の体も無くなってしまいます。それはまあいいでしょう。私はすでに死んでいるのですから。では、私が死んでいるとは、どういうことでしょうか。私が生きていないということです。私が生きているという現実がないということです。私が生きているとは、どういうことでしょうか。これは分かるような気がします。直前の段落で述べたようなことです。さまざまなことを感じ、この世界と関わっているということです。この経験が素晴らしいことであり、愛おしいのです。だから、この生を奪い去られることは、最大の損害、被害であると言ってよいでしょう。(2)およそ生きることがまったく不可能になるからです。

1　基本的人権って何？

ここで皆さんに、お聞きします。基本的人権って知っていますか。第二次世界大戦後の一九四八年に国際連合は第三回総会で、世界人権宣言を採択しました。そこでは、すべての人間に基本的人権があることが謳われています。大変重要な宣言文なので、皆さんもぜひ自分で全文を読んでみてください。ここではごく概略的に紹介します。まず重要なのは、基本的人権がすべての人間にあるということです（第二条）。次に重要なのは、基本的人権とは具体的に何かということです。世界人権宣言が掲げる基本的人権は通常、二種類に分類されます。第一の種類は自由権または第一世代の人権と呼ばれます。「第一世代の」人権と呼ばれるのは、市民革命の頃、十七世紀から十九世紀に人権と認められるようになった権利だからです。具体的には、生命、自由および身体の安全への権利（第三条）、移動の権利（第十三条）、思想・良心・宗教の自由（第十八条）、表現の自由（第十九条）、集会・結社の自由（第二十条）などです。

もう一種類の人権は、社会権または第二世代の人権と呼ばれます。「第二世代の」と呼ばれるのは、これらの人権が第一世代の人権よりも後で二十世紀になって認められるようになったからです。具体的には、社会保障を受ける権利（第二十二条）、労働への権利（第二十三条）、医療への権利（第二十五条）、教育を受ける権利（第二十六条）などです。

基本的人権は、日本国憲法でも謳われています。日本国憲法も非常に重要なので、皆さんもぜひ全文を読んでみてください。ここでは、ごく概略的に紹介します。自由権として日本国憲法は、以下のものを挙げています――生命、自由および幸福追求の権利（第十三条）、思想および良心の自由（第十九条）、信教の自由（第二十条）、集会や結社および言論や表現の自由（第二十一条）、移転の自由（第二十二条）、学問の自由（第二十三条）などです。社会権として日本国憲法は以下のものを挙げています――健康で文化的な最低限度の生活を営む権利（第二十五条）、教育を受ける権利（第二十六条）、勤労の権利（第二十七条）などです。世界人権宣言も日本国憲法も、もう少し細々した人権も挙げていますけれども、以上が中心的で重要な人権です(3)。

自由権と社会権には、基本的な性格の違いがあります。自由権は基本的に、不当なことをされない権利です。例えば生命権は、殺されない権利です。ところで、すべての人に自由権があります。ではそれに対応して自由を侵害しない義務を負うのは誰でしょうか。他のすべての人です[4]。つまり、私に殺されない権利があるということは、私を殺さない義務が他の人にあるということです。そして私の権利に対応して他人が負う義務は、私を殺さないという消極的な――言い換えると否定形の――内容です。ですから、この義務は「消極的義務」と、私の権利は「消極的権利」と呼ぶことができます。私の自由権に対応して他人が負うこの義務は〜しないという消極的なものなので、他人はなんら積極的に努力しなくても余計なことをしないだけでこの義務を果たすことができます。例えば山田さんは自宅で寝ているだけでも、坂本さんを殺さないという消極的義務を果たすことができます。その意味で、自由権を尊重することは比較的容易だと言ってよいでしょう。

それに対して社会権は他人ないし社会から積極的に何かをしてもらう権利です。それは、「〜を受ける権利」という表現によく現れています。一見そのような文言になっていない権利も、よく見れば、何かをしてもらう権利であることが分かります。例えば、労働への権利は、雇用してもらう権利であり、医療への権利は医療を受ける権利です[5]。ではこうした社会権に対応して義務を負うのは誰でしょうか。それは当人の属する社会・政府であると言えます。別の言い方をすれば、社会権を実現するために、社会・政府には積極的な施策が要求されるのです。それが例えば失業者対策であったり、公教育であったりします。ですから社会権は、特定の社会に相対的になります。例えば近代医療が存在しないような社会では、近代医療を受ける権利も意味をなさないでしょう。どの程度の教育が基本的人権として要求できるかも、その社会がどのような社会であるのか――未開の社会であるのか、高度に発展した産業社会であるのか――によって変わってくるでしょう。ですから、社会権が二十世紀になって認められるようになったというのも頷けます。それ以前には、社会権など問題にならなかったのでしょう。二十世紀に入って社会が十分豊かになったときに社会権が認められるようになったのだと思います。[6]

2　基本的人権はなぜあるのか

❖基本的人権の根拠

先ほど見たように、私たちは基本的人権を認めています。その根拠は何でしょうか。どうして基本的人権を認めるべきなのでしょうか。憲法に書いてあるから、国連総会で採択したからというのは、一応の答えです。しかし、一応の答えでしかありません。そのような答えでは、皆さんは分かった気にならないでしょう。もっとよく考える必要があります。憲法に書いてある基本的人権をどうして認めるべきなのでしょうか、どうして基本的人権が憲法に書いてあるべきなのでしょうか。世界人権宣言に謳われた基本的人権をどうして私たちは認めるべきなのでしょうか、どうして世界人権宣言を採択すべきなのでしょうか。言い換えると、どうして基本的人権を尊重すべきなのでしょうか。なぜすべての人間には基本的人権があるのでしょうか。

この問いに対して、しばしば、人間には人間の尊厳があるからだという答えが与えられます。つまり、人間には尊厳があるから、基本的人権があるのだ、というのです。しかし、この答えはあまり説明になっていません。人間の尊厳って何かが不明だからです。皆さんは、「人間の尊厳」と聞いて、一体それが何か分かりますか。「尊厳」というくらいなので、この答えはどうやら「人間は尊いからだ」と言っているように思われます。けれども、どうして人間が尊いのか、尊いとはどういうことなのか、人間が尊かったらどうして基本的人権をもつことになるのか、よく分かりません。何やら「人間は偉いから基本的人権をもつのだ」という、ただの自慢話――言い換えると、言い張っているだけ――のように聞こえます。

では、基本的人権とは、何の根拠もない権利主張にすぎないのでしょうか。そうではありません。基本的人権とは、人間が最低限の意味でまっとうな生活を送るために必要不可欠なものです。人間が人間であるための最低限の条件と言っていいでしょう。では、どうして人間は人間であるべきなのか。それは、人間が人間として生まれた以上、生まれてきた人間にはしかるべき自然な成長というものがあるからです。生まれてきたばかりの人間、新生児は、あまり多くのことができません。でも、栄養が与えられ適切に養育されれば、さまざまなことができるようになり――例えば、歩けるようになり、言葉を話せるようになり、体も大きくなり――「生まれてきて良かった」と言えるような幸せな人生を送ることができるでしょう。生まれてきた人間には、そのようになる力、可能性があります。そうした可能性がある以上、それは自然に発展するべきだと思われます。もし自然な発展が挫かれたならば、残念です。例えば誰かが殺されたならば、私たちはその人の無念を思い、涙を流し憤るでしょう。つまり、人間の自然な成長可能性を挫くべきでないのです。それが基本的人権の根拠です(7)。だから私たちは他人の幸福追求を妨げるべきでないし、必要であれば他人に教育や医療を提供すべきなのです(8)。

❖理性と自律

さて、人間とは何でしょうか。理性的動物だと言われます。それは大雑把な言い方ですけれども、私もその通りだと思います。つまり私たちは動物であり理性的でもあります。理性的とはどういうことでしょうか。おそらく、言葉が分かり、さまざまなことを考えることができる、というようなことではないかと思います。これが人間の本性です。つまり私たちには、こうした理性的な大人に成長する、自然な力があります。ですから人間の赤ちゃんは――たとえそういうことが可能だとしても――例えばチンパンジーによって育てられるべきではありません。密室に閉じ込められて栄養だけを与えられるべきでもありません。そのような育てられ方をしたら、人間にもともと備わっている理性的能力が発展しないでしょう。ですから適切な養育と教育は基本的人権として重要です。

言論の自由や思想の自由、信教の自由も、人間の理性的本性に由来します。私たちには考える力や言語能力があるので、さまざまなことを考え、さまざまな考えたことを表現するのを妨げられるべきでないのです。信教の自由は歴史的経験として特に重要なので明記してあります。

私たちには考える力があって、さまざまなことが分かります。そのおかげで私たちは政治的共同体を作って生きています。私たち一人ひとりの生活のあり方は、この政治的共同体によって大きく左右されます。ですから私たちは政治的共同体の意思決定から理由なく排除されるべきでありません。政治的意思決定から排除されたならば、自分の人生を自分で決める自律ということができなくなり、そういう人たちの人生は部分的に、政治的意思決定に参与する人たちによって支配されることになるからです。実を言えば、政治的共同体の意思決定に参加する権利（参政権）も、世界人権宣言第二十一条や日本国憲法第十五条で認められた第一世代の人権です。参政権は、一見したところ消極的権利に見えないので、話をややこしくしないために、先の第1節では挙げませんでした。では参政権は、選挙権をくれ、という積極的な権利なのでしょうか。たしかに一般国民が選挙権を獲得してきた歴史を顧みれば、積極的権利と思われるかもしれません(9)。しかし参政権が第一世代の人権として認められてきたことには、理由があります。人間はもともと自律的存在なので、社会を作って生きていく場合にも、社会の運営は人々が自律的に行うべきです。参政権とは、そうした社会的自律から排除されない権利です。別の言い方をすれば、こうです。すべての人間は自由で、したがって人間の間に支配服従の関係がないので平等です。ですから、集合的意思決定を行う際に一部の人たちを排除するとしたら、それは恣意的で余計なことです。そういう余計なことをするな、という消極的人権が参政権だと言えます。この参政権の根拠は、人間には理性のゆえに自律能力があるということです。

少し急ぎすぎたかもしれません。自律って何でしょうか。これをよく考えないで、直前の段落を書いてしまいました。自律は、自立とは少し違います。「自立」とは、自分で自分のことができることです。否定的な表現で言うと、他人の援助を必要とせず、他人から干渉されないということです。この自立は必ずしも自律的であることを要しません。他方、自律は、自分で自分を律することです。自分を振り返り、自分の行動基準を自ら立てて、その基準に則って行為していくことです。ここには、少なくとも二つのことが必要です。一つは、欲求のままに生きるのではなくて、自分の生き方を振り返り反省することです。もう一つは、自分がいかに生きるべきかを考えて決めることです。私たちにこれらのことができるのは、理性があるからです。別の言い方をすれば、人間は理性があるから、

（自立的であるだけではなくて）自律的であるべきなのです。

❖最も重要な三つの基本的人権

かなり回り道をしました。元に戻りましょう。私たち人間は理性的動物です。つまり、人間は理性的であると同時に動物でもあります。すでに見たように、いくつかの基本的人権は、人間の理性的本性に基づいていました。では次に、基本的人権の中でも最も重要な権利に目を向けましょう。基本的人権の中で最重要な人権は、生命権と身体の安全保障権と行動の自由権です。生命権とは、殺されない権利です。身体の安全保障権とは、傷つけられない権利です。行動の自由権とは、行動の自由を奪われない権利です。(10)行動の自由を奪うとは、具体的には、監禁したり拘束したりすることです。これら三つの権利は、基本的人権の中で最重要なだけではありません。これら三つの権利は、それらがなければ他の権利を有効に享受することができないという意味で、他の権利に先立つ権利です。では私たちには、どうしてこれら三つの権利があるのでしょうか。どうして私たちは殺されるべきでないのでしょうか。どうして傷つけられるべきでないのでしょうか。どうして行動の自由を奪われるべきでないのでしょうか。それはまず前提条件として、私たちが殺されうるからです。私たちが傷つけられうるからです。行動の自由を奪われうるからです。私たちが殺されうるのは、私たちが生きているからです。生きていない存在だったならば、殺されえないでしょう。その場合には、「殺されるべきでない」とも言えないでしょう。

私たちが傷つけられうるのは、私たちの身体が器官や組織や細胞からできているからです。ただしそれだけではありません。私たちの身体が傷つけられるとき、私たちは苦痛を感じます。私たちが苦痛を嫌悪するのは、すでに述べた通りです。つまり、苦痛は苦痛を感じる当人にとって避けるべきものなのです。私たちは自分の身体が傷つけられるときだけではなくて、傷つけられた後でも、傷つけられた結果としてたいてい不便や苦痛を感じます。それは、傷つけられた結果として私たちの身体が部分的に機能不全に陥るからです。その意味でも、私たちの身体は傷つけられるべきでありません。

私たちが行動の自由を奪われうるのは、私たちが自由に動き回る存在だからです。木石のようにもともと動かない存在だったならば、行動の自由を奪われえないでしょう。その場合には、「行動の自由を奪うべきでない」とも言えないでしょう。

このように私たちは、殺されうるし、傷つけられうるし、行動の自由を奪われうるのです。つまり私たちは、殺されることも殺されないことも可能であり、傷つけられることも傷つけられないことも可能であり、行動の自由を奪われることも奪われないことも可能です。ではそれら二通りの可能性の中で、どうして殺されるべきでない、傷つけられるべきでない、行動の自由を奪われるべきでないのでしょうか。この中で、傷つけられるべきでないということは最も明白と思われます。それは、すでに述べたように、苦痛を感じる当人が苦痛を嫌悪するからです。次にどうして殺されるべきでないのか。私たちは殺されようとしたとき、恐れおののくでしょう。現に殺されるときには、苦痛の叫び声を上げ、殺されまいと必死に抵抗し、逃げるでしょう。それは、殺されることが恐ろしいことだと分かっているからです[11]。では殺されることが、どうして恐ろしいことなのでしょうか。これはすでに述べた通りです。殺されるならば、生の一切の喜びが奪い去られるからです。たしかに、私が殺された後の状態が恐ろしい状態なのかどうか分かりません。おそらくそのとき私はもはや存在していないので、自分が存在しない状態は恐ろしい状態でないのかもしれません。恐ろしいとか苦痛だとか残念だとか感じる私は存在していませんから。しかし、殺される前の私にとって、生が愛おしいだけ、それだけ死が忌まわしいのです。

考えてみれば、このことはごく自然なことかもしれません。私たちは苦痛を嫌悪し、苦痛のない生に喜びを見出します。傷つけられることは、身体が部分的に破壊されることです。殺されることは、身体が全面的に破壊されることです。そうであれば、傷つけられることは身体が部分的に殺されることであり、殺されることは身体が全面的に傷つけられることだと言ってもよいでしょう。傷つけられることと殺されることは、何かそういった関係にあると思われます。そうであれば、傷つけられるべきでないことが明白であれば、殺されるべきでないことは言うまでもありません。傷つけられないという利益よりも、殺されないという利益のほうがより根本的だからです[12]。

❖行動の自由はなぜ重要か

それでは最後に、どうして私たちは行動の自由を奪われるべきでないのでしょうか[13]。私たちは、もし行動の自由を奪われたならば、どうなるでしょうか。例えば監禁されたならば、どうなるでしょうか。洞窟に監禁されたとしても独房に監禁されたとしても他のどこに監禁されたとしても、監禁された場所に自然に食料があるとは考えられません。私たちは飢え死にするしかないでしょう。もし飢え死にを避けることができるとしたら、私たちに誰かが食料を提供してくれるからです。そうすると私たちの生は全面的にその人に依存します。つまり私たちが自立的な存在から従属的な存在になるということです。それだけではありません。もし行動の自由を奪われたならば、人生をよいものにしてくれる、ほとんどありとあらゆることができなくなります。誰かに会うことも花を見ることも、散歩することも、図書館や喫茶店に行くこともできなくなります。これでは何のために生きているのか分からない、と言っていいくらいでしょう。ですから、私たちの生が有意味なものであるためには、自由に行動できることが絶対に必要なのです。

すでに述べたように、私たちに行動の自由が必要なのは、私たちが動き回るような存在だからです。動き回ることができるのは、私たちに足や手やその他の運動器官があるからです。私たちが傷つけられるべきでないのは、私たちが苦痛を感じるからです。苦痛を感じるのは、私たちに感覚器官があるからです。感覚や意識は非常に不思議なものです。どうして私たちには感覚や意識があるのでしょうか。進化の結果でしょうか。そうかもしれません。でも、なぜそのように進化したのでしょうか。特に、なぜ私に感覚や意識があるのでしょうか。よく分かりません。私はこれが世界最大の神秘だと思います。

それでも、私たちに感覚や意識が生まれる仕組みは、ある程度明らかになっています。単純な痛みの感覚について見てみましょう。まず刺激に対して侵害受容器が反応し、それが神経を伝わって、脳(中枢神経系)で感覚として意識されます。こうした侵害受容器・神経・脳といった仕組みによって痛みの感覚が発生します。痛み以外の感覚についても同様と考えられます。興味深いのは、こうした感覚能力とすぐ右で述べた運動能力の間には密接な関係があると思われることです。どうして感覚能力があるのでしょうか。何のために感覚能力は生まれたのでしょうか。おそらく苦痛の原因を避け、快楽をもたらしてくれるものを追い求めるためと考えられます。ということは、もし苦痛を避ける行動、快楽を求める行動がとれないならば、感覚能力が生まれる必要もなかったでしょう。つまり運動能力がないならば、感覚能力だけがあってもあまり役に立たないと思われます。反対に、運動能力だけがあって、感覚能力がない場合はどうでしょうか。その場合、たとえ動くことができても、どっちへ行ったらよいか分からないでしょう。だからやはり、感覚能力がないならば、運動能力だけがあっても困ると思われます。そういう次第で、動く動物には感覚器官と運動器官があり、動かない植物には感覚器官も運動器官もないのでしょう(14)。

3　ならば、動物にも基本権がある

❖「基本的動物権」を定める

このように見てくると、私たちに生命権と身体の安全保障権と行動の自由権があるのは、私たちが細胞や組織や器官からできていて感覚能力があり、動き回るような存在だからだということが分かるでしょう。言い換えると、私たちは動物だからこれら三つの権利があるのです。ということは、これら三つの権利をもつのは人間に限らないということでもあります。私たちと同じように動物であれば、人間という種に属していようと他の種に属していようと、同じように生命権と身体の安全保障権と行動の自由権があると考えられるのです。これらを私は「基本的動物権」と呼ぶことにします。

ですから、基本的人権の中で、思想の自由などいくつかの権利は、たしかに人間に固有の権利です。けれども、基本的人権の中でも最重要な三つの権利は、人間に固有というよりも動物に固有な権利です。もちろん、人間も動物なので、基本的動物権があります。

ちなみに私たちは、「動物」という言葉をしばしば「人間以外の動物」という意味で使います。例えば、「動物の愛護及び管理に関する法律(15)」と言い、「動物園」と言います――しかし、言うまでもなく、人間も動物です。そのような言葉の使い方をするとき、私たちは、人間自身も動物だということを忘れているのではないでしょうか。

ここで、もう一度原始仏典から印象深い言葉を引用しておきましょう。

「かれらもわたくしと同様であり、わたくしもかれらと同様である」と思って、わが身に引きくらべて、(生きものを)殺してはならぬ。また他人をして殺させてはならぬ(16)。

すべての者は暴力におびえている。すべての(生きもの)にとって生命が愛しい。己が身にひきくらべて、殺してはならぬ。殺さしめてはならぬ(17)。

ですから、私が傷つけられたくない、殺されたくない、自由を奪われたくないと感じるように、他のすべての動物も同じであって、他のすべての動物の生命権と身体の安全保障権と行動の自由権も尊重しなければならないのです。

❖義務がないのに権利があるのはおかしくないか？

以上で、動物には生命権と身体の安全保障権と行動の自由権があるという話をしました。さて、この話は本当でしょうか。皆さんは、どう思いますか。

「人間以外の動物にも三つの基本権がある。だから人間は他の動物の基本権を尊重しなければならない。同様に人間にも同じ三つの基本権がある。だから他の動物も人間の基本権を尊重しなければならない、ん、なんかおかしいぞ。」

こう思われたのではないでしょうか。たしかに変です。というのは、私たちは通常、権利と義務を一組のものとして理解しているからです[18]。つまり、権利がなければ義務もない、義務がなければ権利もない、というように考えています。ですから問題は、人間の三つの基本権を他の動物も尊重する義務があるのか、ということです。ひょっとしたら、そういう義務が他の動物にもあるのかもしれません。というのは、私たち人間は、自分たちの三つの基本権を守るために、それら三つの基本権をなにがなんでも他の動物に尊重させようとするからです。つまり、人間の基本権の尊重を強制可能な義務として他の動物にも履行させようとします。

しかしながら、より普通には、人間以外の動物には人間の基本権を尊重する義務がないと考えられます。どうしてでしょうか。そもそも、どうして人間には道徳的義務があるのでしょうか。それは人間には理性があって、道徳が分かるからだと考えられます。ですから人間であっても例外的には、理性がなくて道徳的責任を問われない場合もあります。例えば、乳幼児や心神喪失の場合です[19]。そうであれば、人間以外の動物の場合も同様に考えられます。人間以外の動物も理性がなくて、道徳が分からないから、義務ということも問題にならないのです[20]。これを簡単に言えば、他の動物に道徳を教えたり説得したりできないということです。この点で、他の動物は、小さな子供のような存在と言えるかもしれません。小さな子供と同じように、他の動物も責任を問われないからです[21]。

そうとすれば、「他の動物も人間の基本権を尊重しなければならない」というのは、たしかに変です。他の動物には、人間の基本権を尊重する義務がないからです。でもそうすると、ますますおかしな話になったでしょうか。人間には、自分自身の権利と、相手の権利を尊重する義務とがある。しかし、他の動物には、自分自身の権利があっても、相手の権利を尊重する義務がない。

「どうして、義務がないのに権利があるのだろうか。」

多くの人がこのように思われたのではないでしょうか。たしかに、その通りです。少し右でも述べたように、私たちは通常、権利と義務を一組のものとして理解しています。権利があって義務がある。義務があって権利がある。権利がなければ義務もない。義務がなければ権利もない。そうじゃないでしょうか。義務がないのに権利があるというのは、ずるいでしょう。権利がないのに義務があるなんて、ひどい話でしょう。このように思った人は、権利・義務関係を約束事として考えているのです。それは何も間違った考えではありません。「私はあなたの権利を尊重してあげるから、あなたも私の権利を尊重してね」「はい、もしあなたが私の権利を尊重してくれるなら、私もあなたの権利を尊重してあげます」というわけです。こうした相互的な約束として、権利と義務の発生が理解されています。

例えば、売買契約はそうしたものです。売買契約によって、Aさんは、商品をBさんに引き渡す義務を引き受け、Bさんから代金を受け取る権利を得ます。Bさんは、商品をAさんから受け取る権利を得て、Aさんに代金を支払う義務を引き受けます。私たちのたいていの人間関係は、こうした相互的・互恵的な約束事として理解できます。こうした権利義務は道徳の重要な一部です。しかし、それが道徳のすべてではありません。

❖「自然権」であることの意味

基本的人権を思い出してください。基本的人権は約束事ではありません。基本的人権は約束に先立ってあり、私たちに尊重を要求してくるのです。だから私たちは基本的人権を保障するために、基本的人権の尊重をお互いの同意事項として文書に書き留めるのです。別の言い方をすれば、基本的人権は自然権です。おっと、「自然権」という難しい言葉が出てきてしまいました。申し訳ありません。自然権というと、神によって与えられたものであり神の存在を前提するのではないかと思う人がいるかもしれません。しかし、その必要はありません。自然権の要点は、人間が作ったのではない権利・道徳的秩序ということです。ですから、基本権の持ち主は、何か守られるべきものが、約束に先立ってあるのです。赤ちゃんを考えてください。赤ちゃんには、育ててもらう権利があります。この権利を赤ちゃんは、何かと交換で手に入れるのではありません。赤ちゃんは育てられるべきであるがゆえに、私たち大人は赤ちゃんを養育する義務を負うのです。これは互恵的な関係ではなくて、一方的な関係です。殺されない権利、傷つけられない権利、自由を奪われない権利という基本的動物権も、同じように自然権です[22]。権利の主体に守られるべき利益があるから、権利の主体はその利益を守ろうと努力するのであり、そのことが分かる私たち人間は、その権利を尊重する義務を負うのです。

たしかに、この点は奇妙に思われるかもしれません。すべての動物に、生命権と身体の安全保障権と行動の自由権という基本的動物権があります。しかし、人間だけが基本的動物権を尊重する義務を負います。どうしてでしょうか。私はこれまで、人間と他の動物の共通性を強調してきました。人間は理性的動物です。この動物性を人間と他の動物は共有しています。ところが動物の中で人間だけが理性的です。いや、これはちょっと単純に言いすぎたかもしれません。人間以外の動物の中にも、記憶能力や計算能力、推論能力や言語能力がありそうです。道徳的能力だって、あるかもしれません。しかしながら、私たち人間の自己理解では、人間だけが自分自身を反省し、道徳的観点から自由に自らの行動を律することができます。こういう高度な道徳的理性は人間に固有の特徴です。これが人間の素晴らしい能力です。この能力があるから、人間は理性を発達・開花させ、自分のことだけでなく他の動物のことも考えて道徳的に振る舞うべきなのです。

4 「生き物」について

❖「生き物」とは何を指すのか

皆さんは、「生命の尊重」という言葉を聞いたことがあるでしょう。いや、ひょっとしたら聞いたことがないかもしれません。でも類似の表現は聞いたことがあるでしょう。例えば、「生命の尊さ」や「いのちの大切さ」です。そこで皆さんは疑問に思われたかもしれません――植物には、生命権や身体の安全保障権がないのだろうか、と。私は、ないと思います。でもたしかに私が「はじめに」でゴータマ・ブッダの言葉を引用したとき、ゴータマ・ブッダは「生きものを殺してはならぬ」と言っていました。ということは、やはり植物にも殺されない権利があるのでしょうか。

実は日本語の「生き物」という言葉は、曖昧です。狭い意味と広い意味があるからです。例えば『古今和歌集』の仮名序で紀貫之は次のように書いています。

花に鳴く鶯、水に住む蛙の声を聞けば、生きとし生けるもの、いづれか歌をよまざりける

つまり、すべての生き物が歌を詠むというのです。鶯と蛙の他に、私たちに身近な動物を挙げれば、雀や鳩、カラスや鶏、犬や猫やネズミ、牛や馬、羊や猿、蝉やコオロギなど、すべての動物が歌を歌うというのです。ここで「生けるもの」という表現は、動物を指します。これが「生き物」の狭い意味です。有名な「生類憐れみの令」で言う「生類」も同様に狭い意味で、動物のことです。このような言葉遣いは、現代でも生きています。「生き物図鑑」と言えば、動物図鑑のことで、植物は含まれません。他方、広い意味の「生き物」は「生物」と同じで、生命活動を示す物一般を指します。この意味では動物だけではなく、植物も細菌も含まれます。ここで生命活動とは一応、栄養摂取と増殖と

考えてよいでしょう。[23]

ではどうして、広い意味の生物一般の中から特に動物を狭い意味で「生き物」と呼ぶのでしょうか。そもそも「生きる」ってどういうことでしょうか。私たちが直接知っている「生きる」は、自分自身の生です。では私たちにとって「生きる」とは、どういうことでしょうか。私たちにとって「生きる」とは、何かを感じ、何かを経験するということです。それが私たちにとって「生きる」ことの実体だと思います。この経験が素晴らしいものであったり、嫌なものであったりするわけです——逆に、何も感じないのであれば、素晴らしいという価値も良くないという負の価値もないのでしょう。この点を、右の第3節で引用した原始仏典の文章は、「すべての者は暴力におびえている。すべての（生きもの）にとって生命が愛おしい」と表現していました。こうした経験のためには、少なくとも感覚器官や神経組織が要ると思われます。動物は感覚器官や神経組織があって、こうした経験を私たちと共有しています。他方、植物にはそうした経験がないと思われます。[24]

❖「痛み」の存在という線引き

たしかに生命の尊重は、無意味なことではないかもしれません。ちょっと考えてみてください。人間や他の動物が一切存在しないとしましょう。そうした想定の下で、植物や細菌などの生命体が存在する宇宙のほうが、植物や細菌も存在しない宇宙よりも、何かよい、価値があると考えられます。そうした植物や細菌などの生命体がもつ価値を、宇宙的価値と呼ぶことにしましょう。宇宙的価値も価値である以上、最低限の意味で尊重するに値します。それが「生命の尊重」ということの意味かもしれません。しかし私たちは道を歩くとき、普通に草を踏んで歩きます。庭で草むしりをします。それはちょうど、金やダイヤモンドに何かそれ自体で価値があるとしても、私たちが金やダイヤモンドを利用するのに差し支えがないのと同じかもしれません。ですから私たちは、金やダイヤモンドを利用するのと同じように、米や樹木を利用します。例えば、樹木をノコギリで伐ります。しかし、犬をノコギリで切りはしません。樹木をノコギリで伐るのと犬をノコギリで切るのとでは、とんでもなく大きな道徳的違いがあります。樹木をノコギリで伐っても、なんら間違いではありません。[25] 他方、犬をノコギリで切ることは、おぞましいほど酷いことです。切られる犬は、さぞかし痛いだろうからです。

ですから、狭い意味での「生き物」と広い意味での「生物」「生命」――より分かりやすく言うと、私たちと同じような感覚をもつ生き物とそうでない生物――の間には、大きな違いがあります。広い意味での「生物」に価値があるとしても、その価値は私たちの行動を制約するようなものではありません。他方、狭い意味での「生き物」は、私たちと同じような存在であり、そうした「生き物」の利益をよく考えて振る舞うように要求してくるのです。この点は重要なので、もう少し例によって確認しておきましょう。私たちは、髪の毛を切ったり爪を切ったりします。ところが、髪の毛も爪も生きています。切られた髪の毛や爪は死んでしまいます。では私たちは髪の毛や爪の生命権を侵害しているのでしょうか。そうではありません。たしかに私たちは、髪の毛や爪を切るとき、間違って頭皮を切ったり指を切ったりすることがあります。その場合、頭皮や指を切られた人は、痛がるでしょう、傷つけられるでしょう。しかし髪の毛や爪は何も感じません。ですから権利もありません。血液や精子や卵子も同様です。私たちは血液や精子や卵子を廃棄処分することがあります。生きているのにです。ですから、私たちは血液や精子や卵子を廃棄処分するとき、ちょっぴりもったいないと感じるかもしれません――それでも、血液や精子や卵子の権利を侵害してはいません。血液や精子や卵子は何も感じないからです。

脳死体も同様です。人間の脳死体――脳死状態にあるとされる人間の身体――は生きた生命体です。ですけれども、私たちは脳死体を切り開いて臓器を摘出し、移植に利用することができます。[26] 結果的に、脳死体は死にます。このように脳死体から臓器を取り出すことができるのは、本人に臓器提供の意思がある場合に限りません。本人に臓器提供の意思があった場合、脳死体からの臓器提供は本人の自己決定権によって説明されます。[27] つまり、本人は自らの権利に基づいて臓器を提供するわけです。しかし、臓器提供に関して同意とも反対とも本人の意思表示がなかった場合、臓器提供の決定権は遺族に移ります。つまり、遺族が承諾すれば、脳死体から臓器を取り出すことができます。言うまでもなく、脳死体に殺されない権利があれば、遺族であってもその権利を停止することはできません。ですから、遺族の承諾によって脳死体から臓器を取り出すことができるのは、脳死体には殺されない権利が認められていないということです。どうしてでしょうか。脳死体は、たしかに広い意味での「生物」ではあっても、もはや感覚のある「生き物」ではないからでしょう。

この点は、私たちの気持ちとしても理解できるのではないでしょうか。私たちの多くは、自分が死んだらどうせ焼かれてしまうのだから臓器を提供してもよいと感じるでしょう。[28] さらに、心臓が止まった後の臓器よりも心臓が動いているときの臓器のほうがよいということであれば、脳死体になったときに臓器を提供してもよいと感じるでしょう。脳死体になったら、私たちの意識（心）は実質的に死んでいるのだからです。

最後にもう一つ例を挙げましょう。人間の精子と卵子が合体してできる初期胚も研究利用が認められています。研究利用された初期胚は結果的に死にます。胎児や赤ちゃんを研究利用することは認められないのに初期胚を研究利用することが認められるのは、なぜでしょうか。初期胚は、さまざまな器官をまだ発達させていないので、何も感じないからだと考えられます[29]。

こうした例から確認できるように、広い意味で「生命」だというだけでは、権利の主体にはなりません。私たちに尊重を要求してくる「痛い」とか「苦しい」とかいった感覚がないからです。道徳的に重要なのは、「痛い」「苦しい」さらに「心地よい」といった感覚であり[30]、この点で動物は植物と異なるのです[31]。

5　まとめ

この章で、私は次の二つのことを主張しました。

一、人間と他の動物は、同じように細胞や器官からできていて快苦を感じるので、同じように三つの基本的動物権があります。

二、動物と、苦痛や快楽を感じない生命体とは、道徳的位置付けが異なり、植物は神経組織がなくて苦痛や快楽を感じないので、私たちの行動を制約するような道徳的権利もありません。

皆さんは、どう思いますか。賛同してくださるでしょうか。賛同するか、賛同しないか、自分でよく考えてくださいね。賛同する場合には、本当によく納得できるかどうか、もう一度考えてください。賛同しない場合には、私が述べたことのどこが間違っているのか、よく考えてください。いずれにしても、もし仮に人間に基本的動物権があるように他の動物にも基本的動物権があるとしたら、その実践的帰結はどのようなことになるのか、それを次の章から見ていきましょう。

（1） ただし、ある程度の苦痛には、人生を退屈なものにしない、人生に刺激や緊張感を与えるという効用もあるかもしれません。

（2） 例外的な状況は、あるかもしれません。例えば、生が苦痛に満ちていて、死によってしか苦痛から逃れられないような場合です。

（3） ここでは日本国憲法よりも世界人権宣言を先に挙げました。ただし時間的には、世界人権宣言よりも日本国憲法のほうが先です。すでに述べたように世界人権宣言が一九四八年に採択されたのに対して、日本国憲法は一九四七年に施行されています。しかしここでは普遍性を強調するために世界人権宣言を先に挙げました。

（4） もちろん、人の集まりである国家や政府も、この義務を負います。

（5） 文化的生活への権利も、文化的生活を享受できるようにしてもらう権利と理解できるでしょう。

（6） もちろん昔でも、貧困者の救済などはありました。けれども、そうした事業が、個人が国家政府に対して請求できる権利として認識されるようになったのは、二十世紀に入ってからです。この変化は、単に豊かさの違い（経済発展）によって説明されるのではないかもしれません。むしろ国民意識の形成と関係があると思います。

（7） ただし、人間のあらゆる可能性が権利の根拠になるわけではありません。例えば、悪いことをする可能性もありますから。

（8） 基本的人権のこのような理解については、ヌスバウム『正義のフロンティア』が参考になります。

(9) 細かく言うと、参政権と選挙権は同じではないと思われるかもしれません。というのは被選挙権もあるからです。けれども近代国家の代議制のもとで、一般国民が自らの意見を国政に反映させるのは、もっぱら選挙での投票を通してです。
(10) これは、世界人権宣言では第四条と第九条に、日本国憲法では第十八条、第三十一条、第三十三条、第三十四条に対応します。他に挙げられたさまざまな自由（例えば思想の自由や集会の自由）とは区別されます。
(11) 殺されかけた現場では、私たちは本能的に行動するでしょう。そうした本能的な行動には、もっともな理由があります。
(12) そのゆえに当然にも、傷害よりも殺人のほうが罪が重いのです。
(13) 思い出してください。これは、さまざまな自由（例えば思想の自由や集会の自由）に先立つ最重要な人権としての行動の自由権です。
(14) ただしこれは典型的な場合の話であって、例外的には、ほとんど動かない動物もいれば食虫植物のようにほんの少し動く植物もいます。
(15) 一九七三年に「動物の保護及び管理に関する法律」として制定され、一九九九年に「動物の愛護及び管理に関する法律」に名称変更され、一番最近では二〇一九年に改正された日本の法律です。
(16) 『ブッダのことば』七〇五句。
(17) 『感興のことば』第五章十九句。
(18) AさんがBさんに対して権利をもつならば、通常、BさんはAさんに対して義務を負います。これが権利と義務の対応関係です。今問題にしているのは、それとは違って、Aさんが、もし権利を得れば、通例、義務をも負うということです。
(19) おっと、失礼しました。「心神喪失」って難しい言葉ですね。これは刑法の言葉で、精神障害のために善悪を判断する能力やその判断に従って行動する能力がない状態を意味します。心神喪失の人は、責任能力が認められず、責任が問われません。

(20) ただし、仮に人間以外の動物に理性がないとしても、人間以外の動物が完全に非道徳的とまでは言えないかもしれません。というのは第一に、少なくとも社会的な動物の場合には、それぞれの社会の中で一定の秩序、行動規範があるように見えるからです。第二に、人間以外の動物でも、同情から、利他的と思われる行動を示すことがあるからです。例えば、人間以外の動物が他種の子供を育てることがあります。海でイルカが人間を助けた事例も昔からあるようです。

(21) ただし、小さな子供をしつけることができるように、他の動物をしつけることもできます。ここで言いたいのは、小さな子供と同じく、他の動物も理性的でないので自律的でなく、その意味で道徳的な行為主体ではないということです。

(22) 繰り返しになりますけれども、自然権は人間が決めるのではありません。人間に順守を要求してくる自然の道理です。

(23) 生物の一般的な定義としては、もう一つ、外界と膜で仕切られているという特徴が挙げられます。

(24) ひょっとしたら植物にも、動物とは違う種類の経験があるのかもしれません。そう感じる人がいるかもしれません。しかし私には、植物がそうした「経験」で何を感じているのか分かりません。

(25) 本当に樹木をノコギリで伐ってもいいのだろうか、森林を破壊してはいけないのではないだろうか、と疑問に思った人もいるでしょう。森林破壊については、後の第4章第1節で述べます。

(26) 二〇〇九年に改正された現行の「臓器の移植に関する法律」を前提とした話です。

(27) 本人に臓器提供しないという意思表示があった場合も、本人の意思を尊重して、臓器提供が行われません。

(28) 例えば世論調査では、臓器を「提供したくない」という人(約二二パーセント)よりも「提供したい」という人(約四二パーセント)のほうがずっと多くなっています。ただしこれには、「どちらともいえない」と答えた人が約三三パーセントいるという留保がつきますけれども。

（29）ただし、脳死体についても初期胚についても、利用に反対する意見があることも忘れるべきでありません。
（30）もちろん、苦痛や快楽だけが道徳的に重要なわけではありませんけれども。
（31）ヒトデは動物でしょうか、植物でしょうか。動物です。でも、苦痛を感じるのでしょうか。正直に言って、よく分かりません。第２章の注（６）も参照してください。

第2章　動物権利論と飼育動物の問題　その一
――畜産動物、実験動物

1　動物を解放しよう

第1章で、動物には、殺されない、傷つけられない、自由を奪われないという基本的動物権があることを見ました。そうすると、どういうことになるでしょうか。私たち人間には、動物の基本権を侵害しない義務があります。つまり、動物を殺すな、傷つけるな、自由を奪うな、ということです。すでに述べたように、基本的動物権は消極的権利です。それに応じて、人間が負う義務も消極的義務です。ですから、動物の基本権を尊重すること、侵害しないことは、かなり容易です。実際に、きっと皆さんは、例えば犬や鳩を殺したり、傷つけたり、捕まえたりしたことはないぞ、と言われるでしょう。その通りです。殺す、傷つける、捕まえる、などという余計なことをしなければよいだけの話です。ですから、基本的動物権の尊重は、いとも簡単です。

❖多くの動物が人に「占有」されている

でも、ちょっと待ってください。先にも一度言及しましたけれども、皆さんは、「動物の愛護及び管理に関する法律」を知っていますか。この法律が虐待罪の保護対象とするのは、「牛、馬、豚、めん羊、山羊、犬、猫、いえうさぎ、鶏、いえばと及びあひる」であり、それからその他「人が占有している動物で哺乳類、鳥類又は爬虫類に属するもの」です（第四十四条四項）[1]。「占有」という言葉に注意してください。占有とは、具体的には檻や家の中に入れているとか、鎖に繋いでいるとかいうことです。私たちは、今動物を捕まえなくても、すでに多くの動物の自由を奪っています。例えば、牛や豚や鶏も、ハツカネズミも、象や虎やキリンも馬も、ほとんどの犬や猫も、行動の自由を奪われています[2]。それが通常の「占有している」ということの意味です。

反対に、私たちが占有していない野生動物を対象とするのが、「鳥獣の保護及び管理並びに狩猟の適正化に関する法律」です。この法律の対象を正確に言うと、「鳥類又は哺乳類に属する野生動物」です（第二条）。この法律が第一に狙うのは鳥獣の保護であり、第二に狙うのが鳥獣の管理で、最後に狩猟の適正化が来ます。鳥獣の管理とは、鳥獣が増えすぎないようにすることです。狩猟は、狩猟可能区域内において狩猟期間内に限り、許されます。ですから、この法律の中心は鳥獣の保護であり、その原則は、「鳥獣及び鳥類の卵は、捕獲等又は採取等をしてはならない」ということです（第八条）。「捕獲等」というのは、殺傷を含むという意味です（第二条）。「採取等」というのは、損傷を含むという意味です（第八条）。もちろん、この法律には、さまざまな例外が設けられています――例えば狩猟です。それでも、原則は、殺すな、傷つけるな、捕まえるな、ということです。

しかし、一つ前の段落で指摘したように、私たちはすでに多くの動物を占有しています。自由を奪っています――例えば、檻に入れています、あるいは鎖につないでいます。これは、行動の自由という基本的動物権の侵害です。それだけではありません。これは非常に危険なことです。野生の動物であれば、私たちが殺したり傷つけたり捕まえたりしようとした場合、逃げたり抵抗したりするでしょう。しかし、囚われた動物は、危害を加えられようとしたとき、逃げることもできなければ抵抗することもほとんどできません。私が思うに、動物を檻に入れている段階で、人間は心理的に、自分が偉くなったように感じ、自分のものである動物に何をしてもよいのだと勘違いする傾向があるのではないでしょうか。例えば動物を自分の都合で殺すとか虐待するとかいうことです。飼育動物に関して、飼育動物の権利や利益を尊重して飼育することを人間に強制する仕組みがあるでしょうか。前述の「動物の愛護及び管理に関する法律」が、そのような仕組みかもしれません。しかし、そこで立派な理念が謳われていても、執行状況が弱いと言わざるをえません。

皆さんは、「家庭内暴力」という言葉を聞いたことがあるでしょう。家庭内暴力は家庭内で行われるため、見えにくいのです。同じように、個人宅で飼われている犬や猫が虐待されていたとしても、どうしてそれが分かるでしょうか。非常に難しいと思います。

❖動物解放論

こうしたことから、動物の権利という考えから自然に出てくる帰結は、動物の解放です。つまり、そもそも人間が他の動物を監禁していることが権利侵害なので、動物を人間の手から解放せよ、という主張です[3]。それは言い換えれば、他の動物を囚われる前の状態、自由な状態、野生の状態に戻せ、ということです。これを「動物解放論[4]」と呼びましょう。

日本では昔から放生《ほうじょう》ということが行われてきました。覚えていますか。放生とは、囚われている動物を逃すことです。これは、仏教の思想に基づいています。「はじめに」の中で私が仏教の不殺生戒を紹介したとき、「暴力」の中には「縛ること」も含まれていました。現代の動物権利論も、この「放生」という理念を共有しているのです。

ただし、誤解のないようにしておきましょう。動物の権利という考えからは、動物解放論が自然に出てきます。というのは、動物には行動の自由権があります。つまり、動物が行動の自由を享受している状態が、道徳的に正しい原状（元の状態）です。ところが人間が動物の権利を蹂躙して、動物を監禁したとしましょう。これは、道徳的に不正な現状（現在の状態）です。このとき、不正な現状を正しい原状に戻すことが正義の要求だからです。これは積極的な行動を要求する積極的義務になります。権利が侵害されたとき、不正な現状を正しい原状に戻すためには積極的な行動が必要だからです。

例えば、子供が誰かによって拉致され、監禁されているとしましょう。それに気づいた私たちは、監禁している人から子供を救い出すべきでしょう。それが正義の要求です。ただし、このように動物権利論を動物解放論と言い換えたからといって、あと二つの基本権を忘れてはいけません。生命権と身体の安全保障権です。

というのは、動物の生命権と身体の安全保障権も、大いに侵害されているからです。「いや、そんなことはない。自分は犬や鳩を殺しても傷つけてもいない」と、皆さんは言われるでしょうか。その通りです。犬や鳩を殺したり傷つけたりする人は滅多にいません。しかし、だからといって、私たちの社会が動物を殺しても傷つけてもいない、とは言えません。この章の第2節以降で詳しく述べるように、実際には、私たちの社会は毎年、何億という畜産動物を殺し、何百万という実験動物を傷つけ殺しています。ですから、私が動物解放論と言うとき、その意味は、動物を人間による監禁から解放せよ、ということだけではありません。動物を人間による虐殺や虐待や監禁から解放せよ、ということを意味します。

「ちょっと待ってよ」という声が聞こえてきそうです。私はこの節の初めに愛玩動物の話をしていました。次に野生動物の話をしました。そして今、畜産動物や実験動物の話をしています。「味噌も糞も一緒にするな」と言われそうです。愛玩動物とは、愛玩すべき動物です。野生動物とは、野生にあって保護すべき動物です。畜産動物とは、畜産に利用すべき動物であり、実験動物とは、実験に利用すべき動物です。ですから、それぞれの動物を、愛玩すべきように愛玩し、保護すべきように保護し、利用すべきように利用すれば、それでよいのではないでしょうか。そういう疑問をもった人もいると思います。しかし、この動物は愛玩すべきであり、あの動物は保護すべきであり、その動物は利用すべきだなどということは、一体誰が決めたのでしょうか。例えば豚です。豚は、家庭で飼われていれば愛玩動物であり、畜産家に飼われていれば畜産動物であり、研究機関で飼われていれば実験動物なのでしょうか。そうであれば、人間が勝手にさまざまな仕方で利用しているだけではないでしょうか。あるいは、豚は畜産動物で、猪は野生動物で、犬は愛玩動物で、ハツカネズミは実験動物とあらかじめ決まっているのでしょうか。そんなことはないでしょう。犬も牛も豚も鶏もハツカネズミも、大昔、人間に捕まる以前は野生動物だったのです。それを人間が勝手に捕まえて、これは愛玩動物、それは畜産動物、あれは実験動物と決めつけているのです。

ですから動物解放論の主張は、愛玩動物も畜産動物も実験動物も、すべての飼育動物を人間による搾取から解放せよ、ということです。これをより具体的に言うと、畜産を廃止しよう、動物実験を廃止しよう、家庭で犬や猫を飼育するのを止めよう、動物園や水族館も止めよう、競馬も止めよう、ということになります。

❖畜産動物も解放されるべきか

でも、「今生きている畜産動物は、生まれたときから畜産動物だったんじゃないの」と言う人がいるかもしれません。今生きている畜産動物は、野生から連れてこられたわけではないので、自由を奪われていないというのでしょうか。では、「奴隷の子供は、生まれたときから奴隷だ」という言葉を考えてみてください。だからといって、奴隷の子供は自由を奪われていないのでしょうか。たしかに奴隷の子供は最初から自由を奪われているので、誰もそれ以上にその子供の自由を奪うことはできないでしょう。ない自由を奪うことはできない、それだけのことです。しかしそのことは、奴隷の子供がそもそも自由を奪われているという事実を消し去りはしません。赤ちゃんを考えてください。赤ちゃんは歩くこともできません。それでも赤ちゃんは自由になるべき存在です。それは人間が自由であるべき存在だからです。ですから、生まれてきた人間を奴隷にしているのが、そもそも間違いなのです。同じことが、牛や豚や鶏や犬やハツカネズミについても言えます。牛や豚など他の動物が自由であるべき存在なのは、人間の場合と変わりません。ですから、生まれてきた動物を家畜にしているのが、そもそも間違いなのです。

「すごく無茶なことを言うなあ。畜産を廃止しよう、動物実験を廃止しよう、動物の飼育を止めよう、なんて言うけど、そしたら動物を所有している人の所有権はどうなるのか」という疑問をもたれた人もいるでしょう。近代的な所有権概念は、包括的なものです。所有権の中にはさまざまな具体的な権利が含まれ、ですから所有権は権利の束だと言われます。所有権が包括的だというのは、簡単に言えば、対象に対してあらゆることができる全面的な支配権だということです。例えば、対象を破壊する権利も、所有権には含まれます。ですから、牛の所有者が、生きた牛を殺して精肉に変えることも、所有権の一部です。ところが私は、動物には殺されない権利があると主張します。そうすると、動物権利論と動物所有権という制度——これは動物が何かを所有する権利という制度ではなくして、人間が動物を所有する権利という制度のことです——とは両立できません。もし動物権利論が正しいなら、動物所有権は間違いです。動物権利論の立場からすれば、動物に対する虐殺や虐待などさまざまな不正行為の根源にあるのが動物所有権という制度です。この制度を廃止するのでなければ、問題の根本的解決は望めません。反対に、もし動物所有権制度が正しいなら、動物権利論は間違いです。動物所有権制度によれば、もし材木が所有権の対象であるように犬も所有権の対象であるならば、材木をノコギリで切ってよいように犬をノコギリで切ってもよいのです。

❖「動物権利論」対「動物所有権制度」

　では、動物権利論と動物所有権制度、どちらが正しいのでしょうか。なぜ動物に基本権があるのかということは第1章で説明しました。それを簡単にここで繰り返せば、こうです。動物にとって、殺されない、傷つけられない、自由を奪われないことは、重要な利益です。もし私たちが、殺されたくない、傷つけられたくない、自由を奪われたくないと思うのなら、動物の同様な利益も尊重すべきです。もし私たちが自分の基本権は尊重してほしいと思いながら、動物の基本権を尊重しないならば、それは自分勝手です。そのような自己中心的な生き方は道徳的に正しいと言えません。ひょっとしたら私は何かを見落としているのでしょうか。動物所有権制度のほうが正しいのでしょうか。どうして動物所有権制度は正しいのでしょうか。それを皆さんは説明できますか。動物所有権制度は、現状だとか伝統だとか既成事実だとか、そういった説明しかできないのではないでしょうか。どうしてこの現状、伝統、既成事実が正しいのでしょうか。

　たしかに、動物所有権制度が正しいことは、証明するのが難しいかもしれません。しかしそれでも、動物所有権制度の廃止が間違いであることは、明白ではないでしょうか。「だって、動物所有権制度を廃止したら、大混乱になるじゃないの」と思われるのではないでしょうか。例えば、現に動物を所有する人たちの財産権はどうなるのでしょうか。解放された動物が、元の所有権者に財産権を補償してくれるでしょうか。解放された動物に支払い能力がないとしたら、誰が元の所有権者にお金を払ってくれるのでしょうか。そういうことは非常に困難と思えます[5]。であれば、動物所有権を廃止することは、そもそもできません。これは適切な指摘です。しかし、だからといって、皆さん、気を落とさないようにしましょう。アメリカで奴隷制が廃止されたときのことを思い出してください。奴隷制が廃止される前には、誰もが「そんなことできっこない」と思ったでしょう。それでも、奴隷制の廃止が困難であることは、奴隷制の廃止に向けて努力しない理由になりません。同じことが動物所有権制度の廃止についても言えます。たしかに動物所有権制度は、今日明日にはなくならないでしょう。しかしそのことは動物所有権制度の廃止に向けて努力しない理由になりません。

それどころか今すぐに今日からできることがあります。例えば、肉や魚を買わないように、食べないようにしましょう。これは今日から実践できることです。消費者が肉や魚を買わなければ、畜産業や漁業は次第に廃れていきます(6)。そうしたら、やがて畜産業や漁業はなくなるでしょう。そこで次に、畜産の問題から考えていきましょう。

2 現代の畜産と動物権利論

現代の畜産は「工場式畜産」と呼ばれます。「工業的畜産」や「動物工場」という言い方もあります。いずれも否定的、批判的な表現です。この畜産を推進する立場からは、肯定的に「集約的畜産」と呼ばれます。「集約的」というのは、生産性が高いとか効率的とかいう意味で、最も簡単に言ってしまえば最大の利益を上げるということです。もちろん、この場合の利益は生産業者にとっての利益です。こうした畜産は、二十世紀前半にアメリカの養鶏業で始まり、次第に養豚業、そして養牛業へと広がりました。日本では、工場式畜産は戦後に始まり、一九六〇年代、一九七〇年代に積極的に推進されて、一九九〇年前後にほぼ完成したと思われます。

❖動物福祉論

こうした工場式畜産に最初に警鐘を鳴らしたのは、ルース・ハリソンが一九六四年に出した『アニマル・マシーン――新しい工場式畜産業』という本です。(7)「アニマル・マシーン」とは、動物機械という意味です。この表現は、動物が単なる機械にすぎないという思想を表しています。もちろん、ハリソンがこの本の書名を「アニマル・マシーン」としたのは、動物が単なる機械にすぎないと主張したいからではありません。そうではなくて、新しい工場式畜産業の実態を暴くことで、動物機械という思想を告発しているのです。この本の出版は衝撃的だったようで、イギリス政府は直ちに専門委員会を立ち上げ、集約的畜産下の家畜の状態について調べさせました。この専門委員会は、翌一九六五年に報告書を提出し、この報告書は、委員長の名をとって「ブランベル報告書」と呼ばれます。このブランベル報告書に端を発する家畜の自由という考え方は、一九七九年にイギリス農用動物福祉審議会によって「五つの自由」としてまとめられ、さらに一九九二年に現在の文言に改定されました。五つの自由とは、こういうものです。

一、飢えと渇きからの自由
二、不快からの自由

三、痛み、傷害、疾病からの自由
四、正常な行動を表現する自由
五、恐怖や苦悩からの自由

これら五つの自由について、簡単に説明します。一つ目の飢えと渇きからの自由は、一番分かりやすいでしょう。栄養不良からの自由と言われることもあります。食に関わる問題であり、これが生存にとって最重要と言ってよいでしょう。二つ目の不快からの自由は、物理的な住環境に関わり、暑いとか寒いとか適切な寝所があるかといったことです。三つ目の痛み、傷害、疾病からの自由は、狭い意味での健康に関わります。動物が病気になったり怪我をしたりしないように予防することであり、万一動物が病気になったり怪我をしたりした場合はすみやかに動物を診断し治療することを要請します。

四つ目の正常な行動を表現する自由とは、動物がその種に応じた本性的な行動を妨げられないことです。動物の種に応じた本性とは何でしょうか。例えば、「ニワトリは朝、目が覚めると羽ばたきや羽繕いをし、餌を探して地面を引っかき、つつき、ときには小穴に入り砂を浴び、暗くなると止まり木に止まって寝る」ということです[8]。そのためには、動物の飼育環境に一定の広さや、砂地や止まり木のような自然的条件が必要です。また社会的な動物の場合には、仲間とともにいることが必要です。五つ目の恐怖や苦悩からの自由は、動物の精神生活に関わります。つまり、動物は単に身体的に苦痛を感じるだけではなくて、（身体的苦痛がなくても）精神的に恐怖を感じることもあります。

ですから、動物を脅かしたり怖がらせたりすべきでありません。また精神的要因から動物が異常行動を発現することもあります。そのような場合、動物は精神的に病んでいる、苦悩していると考えられます。例えば、退屈な環境は、動物を精神的におかしくするでしょう。これら五つの自由を飼育動物のために主張するのが、動物福祉論です。この動物福祉論と私がすでに述べた動物権利論とが、現代の動物擁護（愛護）運動における二つの主要潮流です。これら二つの思想は共通点も多く、よく似ているので、混同されることもあります。ですから、動物福祉論というのは動物権利論とどう違うのだろうか、と訝しく思った人もいるでしょう。それについては、少し後で動物権利論の立場から動物福祉論を批判するという仕方で、動物権利論と動物福祉論の違いを明確にします。

まず、現代の畜産がどのようなものであるのか、その実態を見ましょう。

肉牛

まず日本には、どれくらいの数の肉牛がいるでしょうか。皆さんは想像がつきますか。日本には、約二五一万四〇〇〇頭の肉用牛がいます[9]。皆さんは、牛といえば、広い牧場でゆったりと草を食んでいる姿を思い浮かべるでしょうか。しかし、放牧される肉用牛は、約八万八〇〇〇頭です[10]。これは、肉用牛全体の約三・五％にすぎません。残りの九六・五％の肉用牛、つまりほとんどの肉用牛は基本的に舎飼いです。舎飼いとは、屋内で飼育されることです。屋内で飼育される場合、飼育方法は、単飼と群飼と繋ぎ飼いの三通りになります。単飼とは、個室で飼育されることです。群飼とは、相部屋で飼育されることです。繋ぎ飼いとは、チェーンやロープなどで首を保定されて飼育されることです。

繋ぎ飼いの場合、牛は、歩き回ることもできません。単飼の場合、「単房」と呼ばれる個室は、二・七メートル×二・七メートル＝七・三平方メートルほどの大きさです。これは、たしかに動き回ることができますけれども、運動ができるほどの面積ではありません。群飼の場合、相部屋に当たる牛房は三〇〜四〇平方メートルくらいの大きさで、その中に三〜七頭が入れられるようです。一頭あたりの面積は、六〜一〇平方メートルくらいでしょうか。

皆さんは、「除角」という言葉を聞いたことがありますか。角を取り除くことです。群飼の場合、狭い場所に何頭もの牛が詰め込まれるので、牛同士がケンカをして、牛が傷つく可能性があります。そうしたことを防ぐために、あらかじめ角を取り除いておくのです。でも牛の角は、人間の爪や鹿の角とは違います。人間は爪を切ります。奈良公園では十月に雄鹿の角をノコギリで切り落とします。人間の爪も鹿の角も神経が通ってないので、痛くありません。しかし牛の角には神経も血管も通っています。ですから角を取り除くことは、牛にとって痛いのです。また除角の後、焼きごてで止血をします——これも非常に痛い経験だと思います。日本では、約六〇％の農家が除角を行っています[11]。除角を行う場合、牛の生後二ヶ月以内に行うことを、畜産技術協会は推奨しています[12]。しかし実際には、除角を行っている農家の八五％以上が、三ヶ月齢以降に除角を行っています。また除角を行っている農家の約八〇％が、麻酔を使っていません。

肉用牛が雄の場合、約八七％の農家が去勢を行っています。これは、肉質を柔らかくするためと牛をおとなしくさせるために行われます。去勢を行う場合にも、三ヶ月齢までに行うことを、畜産技術協会は推奨しています[13]。しかし実際には、去勢を行っている農家の約九一％が、三ヶ月齢以降に去勢を行っています。去勢も麻酔なしで行われることがあります。しかし麻酔をして行われる場合でも、去勢が牛の身体の毀損であることに変わりありません。

肉用牛は、だいたい三十ヶ月齢で出荷されます。つまり、殺されます。しかし、殺されなければ、牛は本来二十年くらい生きると言われています。

乳牛

日本には、約一三三万二〇〇〇頭の乳用牛がいます[14]。次に乳用牛の一生を見ましょう。乳用牛は生後十三〜十五ヶ月で強制的に妊娠させられます。妊娠期間は約十ヶ月なので、二歳前後で分娩にいたります。分娩後五日ほどで子牛は母牛から引き離されます。どうしてだか、分かりますか。人間が母牛のお乳を横取りするためです。子牛に代わって、母牛のお乳を人間が飲むわけです。分娩後の約十ヶ月が搾乳期間です。同時に分娩後二ヶ月ほどで、乳用牛は次の分娩に向けて、再び強制的に妊娠させられます。搾乳期が終わると、約二ヶ月の乾乳期を経て次の分娩になります。こうした妊娠、分娩、搾乳が、十二〜十四ヶ月の周期で繰り返され、乳用牛はこの周期を三〜四回繰り返します。そうすると乳用牛もくたびれ果てるのでしょう、泌乳量が落ちてきます。そこで乳用牛としての役割が終わります。乳用牛としての役割を終えた乳用牛は、どうなるでしょうか。直ちに殺されて、肉になります。そのとき乳用牛は、だいたい五歳から六歳です。

肥育豚

日本には、約七五九万四〇〇〇頭の肥育豚がいます[15]。豚の肥育は群飼が一般的で、肉用牛の場合と似たり寄ったりです。牛の除角とは違って、豚は断尾や歯切りが行われます。断尾とは、尻尾を切ってしまうことです。歯切りとは、犬歯をニッパーで切り取ることです。断尾も歯切りも、豚が他の豚の尻尾やその他の部位を傷つけるのを避けるために生後まもなく行われます。断尾は農家の約八二％が行い、歯切りは約六四％が行っています[16]。雄の場合には、去勢も行われます。去勢が行われる理由も肉用牛の場合と同様で、去勢は農家の約九五％が行っています。断尾も歯切りも去勢も、麻酔なしで行われます。

肥育豚は、六ヶ月齢で出荷されます。つまり、殺されます。ところが豚の寿命は本来十〜十五年だと言われます。

繁殖豚

日本には、約八五万三〇〇〇頭の繁殖豚がいます[17]。この繁殖豚の一生を次に見ましょう。繁殖豚は、生まれて八ヶ月ほどで妊娠させられます。妊娠期間は約一一四日で、妊娠豚はストールで飼育されます。そして分娩予定の七〜十日前に、妊娠豚は分娩ストールに移されます。ストールとは、豚が向きを変えることもできないほど狭い檻のことです。具体的に言うと幅六五センチ前後、奥行き二メートルの大きさです。それに対して経産豚は体長が一・七メートル前後、後幅が四二センチ前後あります。この豚の大きさを考えれば、ストールがいかに狭いかがよく分かるでしょう。繁殖豚はこのストールの中で生涯のほとんどを過ごすのです。分娩後、母豚は三週〜一ヶ月間ほど子豚に授乳し、離乳後発情したら再び妊娠させられます。こうして繁殖豚は分娩を五〜六ヶ月間隔で繰り返し、六産後、三年八ヶ月齢ほどで淘汰されます[18]。つまり殺されて、肉になります。

肉用鶏

日本には、約一億三八〇〇万羽の肉用鶏がいます[19]。肉用鶏は、平飼いで飼育されます。「平飼い」というのは、牛や豚の場合の群飼と同じで、多くの鶏を一箇所で飼育することです。現実には、狭い面積にたくさんの鶏が詰め込まれます。肉用鶏の出荷時の坪当たり飼養羽数は平均五二・六羽にもなります。一羽当たりの面積は、六二七平方センチメートルで、三〇センチメートル×二一センチメートルよりも小さく、Ａ四サイズの紙一枚ほどの大きさです。飼育密度は、出荷時の坪当たり重量でも表され、これは平均一五四・三キログラムです。この二種類の数字を組み合わせると、出荷時の平均体重をうかがい知ることができます。一五四・三÷五二・六で、二・九三三キログラムです。つまり、一坪の中に、二・九三三キログラムの鶏が五二・六羽いる計算になります。二・九三三キログラムの鶏というのは、かなり大きな鶏です。そのかなり大きな鶏がＡ４サイズの紙くらいのところにいるわけです。

肉用鶏は非常に早く成長します。わずか七〜八週間で十分に大きくなって、出荷されます。ところが、「自然界で鶏が成鳥になるまでの時間は四〜五ヶ月」です[20]。またすぐ右で述べたように、現在の肉用鶏は非常に大きいです。しかし、昔からこんなに大きかったわけではありません。一九六五年には肉用鶏の出荷時体重は、一・二三キログラムでした。それが、直近の二〇一八年には、二・九七キログラムになっています。つまり、この五十年余りで二・四倍以上の大きさになっているわけです。この驚くべき成長は、品種改良の賜物です。しかし、このことの生理的影響について、応用動物行動学者の佐藤衆介は次のように述べています。

ブロイラーでは、一九六〇年には一日増体重が一〇グラムであったものが、一九九六年には四五グラムにも増えた。今では一・八三倍の餌摂取により一・五ヶ月で体重は二・四キログラムにも増える。これだけ食べられるのは食欲中枢が変化し、満腹感が欠如したことによる。飽くことを知らず、空腹による欲求不満は行動にもあらわれる。選抜の副作用として生理的変化も起こっている。抗体産成能の低下、突然死、腹水症、脚弱にともない、死亡率が向上（一九五七年二・二パーセントから一九九一年九・七パーセントという報告もある）していることは明らかである。ブロイラーは体重が増加しているのに心肺機能は高まっておらず、常時低酸素の状態であるといわれている。繁殖機能にも変調をきたしており、排卵と卵殻形成のミスマッチからくる二卵黄、軟殻卵、無殻卵などの異常卵生産も多くなっている。また、胚の染色体異常、異常精子の増加などの報告もある。(21)

健康であれば、鶏の寿命は十年と言われます。しかし、すでに述べたように、肉用鶏は、七〜八週間で殺されます。

採卵鶏

日本には、約一億八五〇〇万羽の採卵鶏がいます。[22]採卵鶏は、バタリーケージで飼育されます。[23]「ケージ」というのは、鳥かごのことで、「バタリー」というのは、連接式というほどの意味です。つまり、一つの鳥かごではなくして、非常に多くの鳥かごが横に連接され、その列が縦方向にも積み重ねられるという飼育形態です。鳥かごは、二羽用の小型が多く、他に五～六羽用の大型もあります。いずれにせよ、一羽あたりの飼養面積は、三七〇平方センチメートル以上四三〇平方センチメートル未満と答えた農家が約三九％と最も多く、次いで四三〇平方センチメートル以上四九〇平方センチメートル未満と答えた農家が約三一％でした。[24]仮に四三〇平方センチメートルで考えてみましょう。これは、一六センチメートル×二七センチメートルほどの大きさです。

皆さんは、「断嘴」という言葉を知っていますか。難しい言葉ですね。これは「だんし」と読みます。「デビーキング」や「ビークトリミング」と英語で呼ばれることもあります。意味は、鶏が生まれて間もない雛のときに、嘴の先端を機械で切り落とすことです。これは、鶏が他の鶏をつついて傷つけることがないように行われます。約八四％の農家で行われています。[25]断嘴も、麻酔なしで行われます。また約六六％の農家が強制換羽を行なっています。強制換羽とは、採卵鶏が卵を産み始めてから十ケ月ほどして産卵率や卵質が低下したとき、鶏に十～十四日ほど断食させることです。断食によって鶏に強制的に換羽させます。換羽すると、採卵鶏の産卵率や卵質が改善するからです。これは、採卵鶏の経済寿命を延ばすために行われます。

採卵鶏は生後四～五ヶ月で卵を産めるようになり、バタリーケージに入れられます。それから採卵鶏は卵を産み続け、強制換羽が行われない場合は十三ヶ月ほどで、強制換羽が行われる場合は十九ヶ月ほどで淘汰されます。寿命で表すと、一歳半か二歳ほどで殺されるわけです。

今述べたのは、採卵鶏のメスの話です。メスは卵を産んでくれます。でもオスは卵を産みません。日本では二〇一八年の一年間に約一億七〇〇〇万羽の採卵用メス雛が生まれています。(26) ということは、これとほぼ同数のオス雛も生まれたと考えられます。そのオス雛たちはどうなるのでしょうか。オス雛の運命について、現職国会議員の森英介が、次のように正直な感想を述べています。


だが、もっとみじめなのは、採卵用のにわとりの雄である。採卵を業とする養鶏場には、一般に、「孵卵場」から、雌のひなが供給される。しかし、孵卵場で、卵を孵化すると、当然のことながら、ほぼ半数は雄である。この雄たちは、コストをかけて育てたとしても、もとより卵は産まないし、かといって、食用にも適さない。従って、人間の側からすると、どうにも使い道がない。昔は、縁日などで、テキヤがひよこを売っている光景を良く見かけたものであるが、最近では、そうした需要も殆ど無くなった。そこで、この雄のひよこたちは、ようやく卵の殻を破って出て陽の目を見たのも束の間、直ちに「産業廃棄物」として処分される運命にある。

孵卵場では、卵からひながかえると、まず、雌雄の選別が行われる。雄のひなは、選り抜かれ、塩化ビニール製の箱の中にポイポイと放り込まれる。箱がひなで一杯になると、その箱は、場内の片隅に無造作に積み重ねられて行く。上段の箱の中では、すし詰めになったひよこたちが元気良くピヨピヨと鳴いている。ところが、下段になるにつれ、積み重ねられた箱の重みで、ひよこは、押しつぶされて行き、最下段の箱ともなると、黄色っぽい羽毛の敷物の如く平らになってしまって、もはや、一羽一羽の境界さえ定かでない[27]。

❖動物福祉論による、工場式畜産の批判

少し長々と、それでも非常に簡略に現代の工場式畜産について述べました。こうした工場式畜産を動物福祉論は批判します。その批判は強力です。工場式畜産の主たる問題は、次の三点にまとめることができます。

一、動物は非常に狭いところに閉じ込められている。
二、動物はそれぞれの種に応じた本性的行動をとることができない。
三、動物は虐待されている。

一番目の問題点と二番目の問題点は関連があります。非常に狭いところに閉じ込められているから、動物は、本性的な行動どころか、ほとんど何の行動もできないのだからです。生産性に貢献しない一切の行動を禁じられていると言ってよいでしょう。除角や去勢、断尾や歯切り、断嘴や強制換羽が三番目の虐待の例です。また肉用鶏のところで引用した佐藤の説明を覚えていますか、そういう人間勝

手な品種改良も、広い意味で動物の虐待と言ってよいと思います。

ひょっとしたら、皆さんの中には、「畜産動物は、もし人間によって食べられるのでなければ、生まれてこなかったんだから、生まれてきただけ良かったんじゃないか」と思う人がいるかもしれません。だから、畜産動物を生まれさせてあげた人間は畜産動物に良いことをしてあげているのであり、畜産動物は、自分を生まれさせてくれた人間に感謝すべきでしょうか。しかし、畜産動物の生は、「生まれてきて良かった」と言えるようなものでしょうか。それとも、「こんなんだったら、生まれてこなかったほうが良かった」と言えるようなものでしょうか。皆さんは、どう思いますか。ただ食べ物を食べて太らされ、殺されるだけの生、妊娠させられ、子牛を奪い去られ、お乳を絞られ、殺されるだけの生、子豚を産んで殺されるだけの生、卵を産んで殺されるだけの生、そんな境遇に生まれたいと思いますか。私は、工場式畜産における動物の生は、苦痛にみちた拷問のような生だと思います。

こうした工場式畜産における動物の取り扱いは、「非人道的」と呼ばれます。人間が牛や豚や鶏に対して行うこと、畜産動物に対する人間の行いが、人の道から外れているのです。皆さんは、そのような行いが人間にふさわしいと思いますか。それが人間の尊厳ですか。そうではありません。むしろ、「恥を知れ」と言いたいところです。もう一度よく考えてみてください――乳用牛の生涯、繁殖豚の生涯、肉用牛や肥育豚や肉用鶏の生涯は、生まれてくるに値するものでしょうか。牛も豚も鶏も、それぞれ「ああ、生まれてきてよかった」と感じているでしょうか。そうは思えません。牛には牛の生活が、豚には豚の生活が、鶏には鶏の生活があるのに、工場式畜産において人間は、牛や豚や鶏の生を全否定しています。牛や豚や鶏を、これらの動物が肉生産工場における機械部品にすぎないかのように扱っています。しかし、動物は機械ではありません。私たちと同じように血の通った生き物です。この点が、工場式畜産の勘違いであり、私たちが工場式畜産をおぞましいと感じるゆえんでしょう。「でも、動物の生が苦痛にみちているのなら、屠殺して、その苦痛にみちた生を終わらせてあげるのは、いいことなんじゃないか」と思った人がいますか。そう思った人は良い点に気がついたと思います。苦痛にみちた生を終わらせてあげるのは、慈悲深いことでしょう。しかし、もし苦痛にみちた生を終わらせてあげるのが慈悲深いことならば、最初から動物の生を苦痛にみちたものにしないことはもっと慈悲深いことです。また、もし苦痛にみちた生を終わらせてあげるのが慈悲深いことだと本当に思うのなら、苦痛にみちた生を再生産すべきでありません。苦痛にみちた生を終わらせてあげるのが慈悲深いことであるのと同じだけ、新たに苦痛にみちた生を作り出すことは無慈悲なことだからです。

　ですから、動物福祉論に耳を傾けましょう。畜産動物を苦痛から解放し、畜産動物がそれぞれの種に応じて幸せな生を送れるようにしなければなりません。そうすれば、人間だけではなくて畜産動物も幸せになれるでしょう。畜産動物は人間によって生まれさせてもらい、もはや除角や断尾や断嘴などの虐待も受けません。人間に保護されて、牛は広々とした牧場で自由に草を食み、乳牛は子牛を奪い去られません。豚も鶏も自然的な環境でそれぞれの本性的行動を自由にとることができます。その代わりに人間は肉や牛乳や鶏卵をいただくことができます(28)。これが本当の共存共栄でしょう。いや、ちょっと待ってください。本当にそうでしょうか。

❖動物福祉論から動物権利論へ

採卵鶏のオス雛を忘れていました。採卵鶏のオス雛は、どうしたらいいでしょうか。採卵鶏のオス雛は、どうしたら幸せな生を送れるでしょうか。少なくとも殺されないことが必要です。生かしてもらえなければ、幸せな生を送ることもできないのですから。もう一度、動物福祉論に耳を傾けましょう。動物福祉論は、動物に幸せな生を保証することを狙いとしています。ですから、採卵鶏のオス雛を狭いところに閉じ込めないようにしましょう。十分な餌と水をあげるようにしましょう。健康に留意し、必要に応じて医療を受けさせてあげましょう。砂浴びなどの本性的活動を自由にさせてあげましょう。虐待しないようにしましょう。そうすれば、採卵鶏のオス雛も成長し、幸せな生を送れます。最後に採卵鶏のオスは、歳をとって死んでいくでしょう。

ここで、基本的人権や基本的動物権を思い出してください。基本的人権や基本的動物権の中で、一番重要な権利は、殺されない権利です。なぜかと言えば、生命権は、他の基本権の前提条件として、他の基本権に先立って必要だからです。言い換えれば、殺されないという条件があって初めて、他の基本権を享受することが可能になるからです。ですから私たちは、動物福祉論の五つの自由に加えて、六番目の自由を次のように書くことができます。

六、殺害からの自由

この自由を説明すれば、殺されないで天寿をまっとうできるということです。この殺害からの自由を、どうして動物福祉論は標榜しないのでしょうか。二通りの解釈が可能です。第一に、殺害からの自由はあまりにも当然なので、言うまでもないこととして前提されているのかもしれません。例えば、現在、多くの人が児童虐待に憤りを感じ、児童虐待に反対の声をあげています。でも、その多くの人は、児童虐待だけに反対しているわけではありません。児童虐待はいけないけれども児童殺害はかまわないよ、という趣旨ではありません。児童殺害は言うまでもなく、児童虐待はいけない、という趣旨でしょう。

第二に、動物福祉論は、五つの自由は尊重しなければいけないけれども殺害からの自由は尊重しなくてよいと考えているのかもしれません。もしそうであれば、動物福祉論は内的に不整合です。というのは、動物が殺されるとき、同時に五つの自由も否定されるからです。殺されたならば、例えば、動物はその種に本性的な活動をすることができなくなります。先ほど、生命権は他の基本権の前提条件だと述べました。それを言い換えれば、生命権が否定されるとき、他の基本権は成り立ちえないということです。ですから、五つの自由を主張して、五つの自由の前提条件たる殺害からの自由を認めないのは、矛盾しているのです。

少し具体的に見ましょう。工場式畜産を説明したときに述べたように、畜産動物は非常に早く殺されます。たしかに、乳牛と繁殖豚と採卵鶏は、少しだけ生きながらえさせてもらえます――活発にお乳を出したり、子豚を産んだり、卵を産んだりする限りです。それでも、乳牛や繁殖豚は本来の寿命の三分の一から四分の一の年齢で、採卵鶏は六分の一から十分の一の年齢で殺されます。肉用の動物はもっと短命で、肉用牛は本来の寿命の八分の一の年齢で、肥育豚は二十分の一から三十分の一の年齢で、肉用鶏は三十分の一ないし四十分の一の年齢で殺されます。採卵鶏のオス雛にいたっては、孵化したその日に殺されます。このように動物が非常に早く殺されるのは、ひょっとしたら工場式畜産だからかもしれません。しかし、動物福祉論が五つの自由にだけ関心があり、殺害からの自由に関心がないのであれば、動物福祉論に基づいて五つの自由を尊重する畜産が畜産動物をより長く生かしてあげることに関心があるとも思えません。ですから、畜産動物に優しい、五つの自由を尊重した畜産でも、畜産動物はそれほどより長くは生かせてもらえないでしょう。特に、肉用の牛、豚、鶏は、やはり、成長した段階で、まだ若いうちに殺されるでしょう。

思い出してください。動物権利論は、動物のために生命権を主張します――これが動物権利論と動物福祉論の最も大きな違いです。ですから動物権利論は、動物を殺すことに反対します。ということは、基本的に畜産業に反対します。畜産を止めよう、と主張します。しかしながら、畜産業の中でも例外と考えられる部門があります。酪農と採卵です。酪農と採卵は、少なくとも直接的には動物を殺さないからです。ですから、動物の権利という考えに基づいた菜食主義の中には、乳菜食主義《ラクト・ベジタリアニズム》や卵菜食主義《オボ・ベジタリアニズム》という変わり種があります。菜食主義というのは、肉や魚を食べない食事法のことです。乳菜食主義というのは、植物性の食べ物に加えて乳製品も食べる食事法のことです。卵菜食主義というのは、植物性の食べ物に加えて卵も食べる食事法のことです。また乳菜食主義と卵菜食主義を組み合わせれば、乳卵菜食主義《ラクト・オボ・ベジタリアニズム》になります。そして乳菜食主義や卵菜食主義と区別して、乳菜食主義でも卵菜食主義でもない菜食主義は、純菜食主義《ヴィーガニズム》と呼ばれます[29]。

「ちょっと待ってよ。動物権利論というのは、動物の殺害だけではなくて、動物の監禁にも反対するんじゃないの」と思った人はいますか。いい点に気づいてくれました。その通りです。動物権利論は、動物に生命権と身体の安全保障権と行動の自由権を認めます。ですから、動物権利論の基本線は、動物の飼育一般に反対し、したがってまた酪農や採卵を含めてあらゆる形の畜産に反対します。動物を飼育するということは、動物から行動の自由を奪うことになるからです。しかしながら、動物権利論の中には、一定の条件の下で動物の飼育が許容されると考える立場もあります。一定の条件とは、次のようなものです。

一、動物を殺さない。
二、広い自然的な環境で、動物はその種に本性的な活動を自由に行うことができる。
三、動物にとって、飼育されることから来る不都合（不利益）よりも飼育されることから得られる便益のほうが十分に大きい。

こうした条件が満たされるならば、酪農や採卵が許容されるとも考えられます。

どうしてこういうことになるかと言えば、行動の自由には必ずしも無際限に広大な面積が必要とは考えられないからです。言い換えれば、完全な自由と完全な不自由の間に、柵の中に入れられていて完全に自由なわけではないけれども十分に自由という広さがありえます。そのゆえに、動物の行動の自由と人間による飼育とが両立する可能性があります。その上で、動物の不利益と利益を考量します。不利益には、自由の部分的制約、それからお乳や卵を取られることがあるでしょう。利益には、安全と食料、さらには医療があるでしょう。こうした不利益と利益を比較して、利益のほうが十分に大きければ、人間に飼育されることが動物自身にとって良いことだと考えられます。

こういう次第で、動物権利論の中には、動物飼育を一切認めない立場[30]と一定の条件の下で酪農や採卵は許容されると考える立場[31]と、両方の立場があります。どちらの立場が正しいのか、正直に言って、私自身もよく分かりません。ですから、この点に関して、動物権利論にも少し曖昧さがあります。しかし、動物権利論が動物の殺害に、したがって肉食に反対することは確かです。

❖ 例外的状況の検討

「そんなこと言ったって、人間は肉を食べないと生きていけないじゃないの」と心の中で思った人はいますか。しかし、人間が肉を食べないと生きていけないというのは、客観的に間違い、単なる思い込みにすぎません。もちろん、菜食主義者でも菜食主義者でなくても、さまざまな栄養素を健康的に摂取することは必要です。けれども、肉や魚を食べなくても、さまざまな栄養素を十分に摂取することはできるからです[32]。少なくとも私たち現代の日本人の場合は、肉や魚がなくても、食べ物に困ることはありません。

もちろん、例外的な状況はありえます——特に過去の歴史においてはそうでした。例えば、非常に寒冷な土地に住んでいるために植物性の食料はほんの少ししか得られないとか、山間地に住んでいるために植物性の食料だけでは十分な栄養が得られないとかいった状況です。そうした状況では栄養源として動物に頼らざるを得ないでしょう。動物の生命権よりも人間の生命権を優先することが許されるでしょう。そうした状況が過去にはあったと思います。そういう場合は、たしかに人間は肉を食べないでは生きていけなかったわけです。しかし、現代の日本はそういう状況ではありません。市場経済にあって、私たちはほとんどありとあらゆる食べ物を容易に手に入れることができます。つまり、私たちは肉を食べる必要がないのです。ですから、動物の生命権を尊重しない正当な理由もありません。動物を殺さないことができるのに動物を殺すのは、許されない権利侵害です。

もう一つ例外的な状況があります。正確に言うと、動物権利論が反対するのは、動物を殺すことです、肉を食べることではありません。通常は、動物を殺さないでは、肉を食べることはできません。だから、動物権利論は、肉を食べることにも反対するのです。しかし、例外はありえます。動物が自然に亡くなった場合、その肉を食べることに動物権利論が反対する理由はありません。動物の死体に権利はないからです。

この点は少し大事なので、注意してください。「肉を食べない」と言うと、「なんで、変なの」ということになりそうです。肉を食べることを忌避する理由が思い浮かばないからです。というのも、先ほど死体に権利はないと述べたように、肉にも権利はありません。ですから、肉を食べたからといって、誰の権利を侵害するわけでもありません。ちゃんと肉屋さんでお金を払って肉を買い、それを家で食べたからといって、八百屋さんでお金を払って人参を買い、それを家で食べるのと何も変わりません。しかし、ここで注意してください――私たちは肉生産の全体像を見る必要があります。肉屋さんに肉があるためには、その前段階で動物が殺されなければなりません。ですから私たちは、肉を食べるために動物を殺すという行為・慣行に反対する必要があるのです。

現代の分業社会では、この点は見えにくくなっているのかもしれません。動物を育てる人と、動物を殺す人と、動物を肉に変える人と、流通の人と、販売の人と、消費する人という具合に分かれています――だから、消費者は肉を食べるときに、動物を殺すという現実に気づかないのかもしれません。けれども、これらの人々は一本の線でつながっています。動物を育てるという始点は、肉を消費するという終点のためにあり、肉を消費するという終点がまた、次の動物飼育を始めさせるのです。ですから、動物を殺さないためには、消費者が肉食を止めるべきなのです。

3 動物実験と動物権利論

❖「典型的な動物実験」

皆さんは、動物実験って何だか、分かりますか。一番広く言えば、動物を利用した実験でしょうか。でも、この意味は広すぎます。この意味の動物実験には、動物を傷つけると思えないような実験も含まれるからです。例えば、行動観察や学習実験などの非侵襲的な実験です。動物を傷つけないのであれば、動物権利論が反対する理由もあまりありません(33)。動物権利論が反対するのは、動物を傷つける実験、動物を殺すことになるような実験です。こうした動物実験を私は「典型的な動物実験」と呼んでいます。典型的な動物実験は、動物を傷つけたり殺したりするので、動物の身体の安全保障権や生命権を侵害します。ですから、動物権利論は、典型的な動物実験に反対します。「そんな動物実験、止めようよ」というのです。

実際に、人々が「動物実験」と聞いて思い浮かべるのは、典型的な動物実験です。例えば、東北大学動物実験センター長であった笠井憲雪《のりゆき》は、「ほとんどの動物実験では、実験動物は……安楽死させられます」と書いていま す[34]。また日本実験動物学会理事長であった八神健一は、動物実験を行う「研究者の多くも……研究のために動物を犠牲にせざるを得ない現実と、自分の手で動物の命を断ちたくないという思いの葛藤に日々悩みつつ、研究に励んでいるのです」と書いて、実験動物慰霊碑に言及しています[35]。ですから、動物実験を行う専門家にとっては、「動物実験」と言えば、暗黙の前提として、動物を殺すことになる実験のことなのです。専門家の人たちがそのように「動物実験」という言葉を使うので、一般の人も「動物実験」と言えば、動物を殺すことになる実験という印象をもつのでしょう。

次に、基本的な点に行きましょう。日本には、何匹の実験動物がいるのでしょうか。一年間に何匹の実験動物が殺されるのでしょうか。日本実験動物学会は、二〇〇九年六月一日時点での実験動物の飼育数を調査しました[36]。その調査によると、二〇〇九年六月一日の時点で日本では、約一一三三万七〇〇〇匹の実験動物が飼育されていました。内訳は、マウスが約九五三万匹、ラットが約一三三万匹で、これらを含めた齧歯《げっし》目の動物が全体の九九％を占めていました。その他に多いのは、ウサギが約五万匹、ニワトリが約二万六〇〇〇匹、サル類が約一万匹、イヌが約九千匹、ウズラが約四千匹、ブタが約二千匹です。しかし残念ながら、その後この調査は行われていないようです。

では、一年間に何匹の実験動物が殺されるのでしょうか。これには、実験動物の供給を見ることができるかもしれません。日本実験動物協会によると、二〇一六年度に日本では、約四二四万六〇〇〇匹の実験動物が供給業者から研究機関に販売されました[37]。ここでもマウスとラットとその他の齧歯類が全体の九八％以上を占めました。ただし、これは、研究機関に販売された実験動物の数にすぎません。他に、研究機関で自家繁殖した実験動物が相当数います。その数が、分かりません。ですから、最近は何匹の実験動物を飼育しているのかということも、一年間に何匹の実験動物を殺しているのかということも、よく分からないのです。

❖動物実験の倫理における三つの原則（３Ｒ）

いったい、動物を殺す実験に倫理なんてあるのでしょうか。あります。動物実験の倫理として三つの原理が謳われています。この三つの原理は、日本の「動物の愛護及び管理に関する法律」の中にも書かれています。その条文では三つの原理が、次のように表現されています。

一、できる限り動物を供する方法に代わり得るものを利用すること。
二、できる限りその利用に供される動物の数を少なくすること。
三、できる限りその動物に苦痛を与えない方法によってしなければならない。

一つ目の原理は、実験研究を行うにあたっては、できるだけ動物個体（生体）を用いるのではなくして、他の方法――培養細胞やコンピュータ・シミュレーション――によるべきだということです。二つ目の原理は、同じ動物実験を行うにしても、できるだけ犠牲となる動物の数を減らすべきだということです。三つ目の原理は、動物実験を行う場合には、粗雑にやるのではなくして、動物が被る苦痛ができるだけ少なくなるように工夫しなさい、ということです。それぞれ、「代替原理」「削減原理」「洗練原理」と呼ばれます。「洗練」は少し分かりにくいので、「苦痛の軽減」とも表現されます。英語では、Replacement、Reduction、Refinementというので、その頭文字をとって、三つの原理はよく「3R」とも呼ばれます。

この三原理について、皆さんはどう思いますか。私は、もっともな原理であり、正しい方向を向いていると思います。この三原理は、そもそも動物実験を行うべきでないということを大前提とし、その上で動物実験を行う場合には、できるだけ少数の動物に対して、苦痛をできるだけ小さくすることを求めているからです。皆さんは、「功利主義」という考え方を聞いたことがありますか。功利主義というのは、「最大多数の最大幸福」をもたらすようにしなさいという考え方です。つまり、できるだけたくさんの関係者ができるだけ大きな幸福を味わえるほうがよい、というのです[38]。幸福と快、不幸と苦痛をだいたい同じとすれば、この考え方は逆の方向から、「最少数の最小苦痛」と表現することもできます。ですから、動物実験の三原理は、功利主義の考え方とも合致しているわけです。

❖動物実験の目的

では、そもそも動物実験を行うべきでないということが分かっているときに、どうして動物実験を行うのでしょうか。なぜ動物実験を行うのでしょうか。動物実験を行うことは、どのように正当化されるのでしょうか。動物実験は一定の目的のために行われます。何の目的もなしに動物を実験に使って殺したならば、ただの虐待です。動物実験の目的としては、通常、以下の四種が挙げられます[39]。

一、医学的知識、技術の進歩のため
二、生物の普遍的な知識を追求するため
三、製品の安全性を評価する毒性試験のため
四、教育のため

一つ目の目的は、病気を治す新しい薬や治療法を開発するためということです。二つ目の目的は、応用や有用性を離れて生命科学や生物学でさまざまな謎を解明するためということです。これら二つを簡単に言うと、医療のため、科学のためということができるでしょう。三つ目の目的は、医薬品や医薬部外品、化学物質や食品などの安全性／毒性を評価するためということです。安全性／毒性を評価するというのは、おおざっぱに言うと、どれだけの量を使っても安全か、どれだけの量を使ったら動物が異常になり、さらにどれだけ多くの量を使ったら動物がひどく異常になるか、という三段階の使用量水準を調べることです。四つ目の目的は、学校で学生に体の内部構造を見せたり、手術の練習をさせたりするために動物を使うということです。

それぞれ順番に考えていきましょう。まず教育目的の動物実験です。この目的のために生身の動物を使う必要はありません。実際の手術を見せたり、映像を使ったり、本物そっくりに作られた模型を使ったり、遺体を使ったりすることができるからです。次に毒性試験です。ここでは、そもそも新しい製品が必要かということを考える必要があります。例えば、新しい化粧品や洗剤がいるでしょうか。

もちろん、新しい化粧品や洗剤もあったらいいでしょう。しかし、動物の命を犠牲にしてまで新しい化粧品や洗剤を開発する必要があるでしょうか。ないと思います。新しい化粧品や洗剤でなくても、既存の化粧品や洗剤で十分に事足りるからです。食品についてもほぼ同様でしょう。医薬品や化学物質については、新しい製品の必要性がより高いかもしれません。それでも、動物実験をして動物を殺す必要はないでしょう。動物に異常が現れた時点で、速やかに実験を中止し、動物の健康回復をはかるべきです。動物がひどく異常になる投薬量を調べる場合でも、死ぬほどひどい症状になる前に、実験を中止し、直ちに動物の症状の改善に努めるべきです。そうすれば、動物は少なくとも死なないですむでしょう。(40)

次に生命科学や生物学で新しい知識を得るための動物実験です。ここでも私たちは、そもそも新しい知識を得ることに何ほどの価値があるのかを、考え直す必要があります。たしかに、知識は、ないよりもあったほうがよいのでしょう。つまり、無価値ではないと思われます。しかし、絶対的に良い、無条件に良い、というほどのものでもありません。例えば、美しい音は素晴らしいものでしょう。しかし、その美しい音が動物を犠牲にしないでは出せないとしたら、どうでしょうか。美しい音には、動物の命を犠牲にしてまでも手に入れるだけの価値があるでしょうか。私は、ないと思います。新しい知識についても同様です。もし新しい知識が動物の命を犠牲にしないでは得られないとしたら、それでも新しい知識を手に入れる価値があるでしょうか。ないと思います。知識はよいものですけれども、そのために間違ったことをしては、元も子もありません。知識とは、そもそも、私たちに正しい人生を歩ませてくれるべきものだからです。言い換えれば、科学のためなら何をしてもよいというのではなく、人の道に外れないように正しい仕方でやらなければいけない、ということです。例えば、科学研究のためとはいえ、物を盗んではいけませんし、人を騙してもいけません。同じように、人や動物を傷つけてもいけません。

このように私が言うと、「生命科学や生物学の研究は、単に好奇心のために行われるのではない」と言われるかもしれません。生命科学や生物学の研究は、医療開発のための基礎研究として必要不可欠だ、生命科学や生物学の基礎研究なくしては新しい薬や治療法の開発はおぼつかない、というのです。そうすると、生命科学や生物学の研究の価値は、結局、先進医療の価値に依存することになります。

では次に、医療のための実験について考えましょう。動物実験を擁護するために、よく、動物実験が医学の発展に役立ったということが言われます。たしかに、そういうことがあったでしょう。しかし、医学の発展に役立つということで動物を犠牲にすることが正当化されるなら、同じことで人間を犠牲にすることも正当化されます。それどころか、医学の発展には、他の動物を実験材料に使うよりも人間を使うほうがもっとよく貢献するでしょう。ですから、もし動物実験が医学の発展に役立つという理由で正当化されるならば、人体実験は同じ理由でもっと積極的に正当化されることになります。でも、人体実験はしません。どうしてでしょうか。人間は実験に使わないのに、他の動物は実験に使うのは、どうしてでしょうか。人間は話をするからでしょうか。でも、それなら、訳の分からない雑音しか出さない外国人、あるいは一言も喋らない人を使えばよいでしょう。人間は知的だからでしょうか。それなら、知的でない人間、例えば赤ちゃんや重度の知的障害がある人や認知症のお年寄りを使えばよいでしょう。しかし、そうはしません。では一体なぜでしょうか。人間の身体も他の動物の身体も同じようにできていて、人間も他の動物も病気になれば同じように苦しみます。にもかかわらず、人間は実験に使わないのに、他の動物は使うのは、なぜでしょうか。

❖「種差別」の論理

皆さんは、「差別」を知っているでしょう。人種差別とか性差別とかいうやつです。差別とは、簡単に言うと、いわれなき別扱い（冷遇）のことです。例えば人種が違うからというだけの理由で、性別が違うからというだけの理由で相手に不利益な扱いをすることです。それと同じことです。人間は人間だからというだけの理由で実験に使わない一方で、他の動物は人間でないというだけの理由で実験に使うというのは、生物種が違うというだけの理由で相手に不利益な扱いをする種差別です[41]。人種差別や性差別が道徳的に間違っているように、種差別も道徳的に間違っています。

ですから、医学の発展に役立つということは、動物実験をする理由になりません。医学の発展に役立つということの前では、動物実験も人体実験も同じように正当化されてしまいます。そのときに人体実験を行わないで動物実験を行う真の理由は種差別です。ところが、種差別は間違いです。では、どうしたらよいのでしょうか。人間が生命権と身体の安全保障権で保護されるに値するように、他の動物も生命権と身体の安全保障権で保護されるに値します。ですから、これからの方向性は、人体実験を行わないように、動物実験も行わないということです。

動物実験を擁護する人は、食べることのためにさえ動物を殺すことが許されるのだから、人の病気を治すという崇高な目的のために動物を犠牲にすることはもっと許されて当然だと感じているようです。たしかに、人の病気を治すことが立派な善意の目的であることは分かります。しかし、そうであれば私は次の原理を述べたいと思います。

正しい目的は、正しい手段を要求する。

例えば、山田さんの病気を治すために、佐藤さんを殺すことが間違いであるように、山田さんの病気を治すために、ネズミの忠吉君を殺すことも間違いなのです。それはなぜかと言えば、人間を殺すことが間違いであるように、他の動物を殺すことも間違いだからです。

ひょっとしたら皆さんの中には、「一般的原理としては、動物を殺すのが間違いだというのは分かるけど、でも場合によっては人間の命を救うために動物の命を犠牲にすることが許されることってないのかな」と疑問に思った人もいるかもしれません。たしかに、これは適切な疑問です。例外的な状況というのはあると思います。第一は、悲劇的な状況です。例えば、家が火事になって燃え盛り、その中で片方の部屋に人間が取り残され、反対側のもう片方の部屋に犬が取り残されているとします。ところが、家は間もなく崩れ落ちそうで、人間か犬かどちらかしか助け出すことができないとします。そういう場合、人間の命を救うために犬の命を犠牲にすることは許されるでしょう。第二は、動物が人間を襲ってきたとします。人間は、自分が殺されないように、その動物を殺したとしても許されるでしょう。しかし、動物実験は、このような状況ではありません。実験動物は人間を襲っているわけではありませんし、この人間とこの実験動物のいずれかを選ばなければならないわけでもありません。

ですから、動物実験、少なくとも典型的な動物実験は間違いです。この大前提があるから、犠牲になる動物の数をできるだけ減らすべきであり、犠牲になる動物の苦痛をできるだけ小さくするべきなのです。この大前提がなかったなら、動物の苦痛に頓着しないで、できるだけたくさんの動物実験を行うべきだということになるでしょう。医学はできるだけ発展したほうがよいからです。つまり、医学をできるだけ発展させるために、できるだけたくさんの動物実験を行おう、ということになるでしょう。

ここで一つ、高名な分子生物学者の話をさせてください。それは、デイヴィッド・ボルティモアで、一九七五年にノーベル医学生理学賞を受賞した人です。ボルティモアは、ノーベル賞受賞の前年に、あるテレビ番組に出演しました。そこでボルティモアは、次のように尋ねられました。

実験によって何百頭もの動物が殺されるであろうという事実を、これまでに科学者たちが実験を思いとどまるべき理由として考えたことがあるか（……）動物たちはまったく考慮に値しないのですか？

それに対して、ボルティモアは、次のように述べました(42)。

動物実験が道徳上の問題を提起するとは少しも思わない。

このような科学者は、「どんどん動物実験をやって、どんどん医学を発展させよう、素晴らしい」と考えているのかもしれません。このような科学者の暴走に、誰が、何が歯止めをかけられるでしょうか。一般市民が、一般市民の道徳感覚が歯止めをかけるべきです。

❖動物実験の改善に向けた提案

それでは、この節の最後に、動物実験の現状を前提したうえで、それを改善するための提案を二つだけ述べさせてください。第一に、この節の初めでも述べたように、日本ではどこで誰がどのような動物実験をして、何匹の動物を殺しているのか、ということも分かりません。このような基本的な事実を明らかにするためにも、動物実験を行う機関も、個人も免許制にするべきです。というのは、どういうことかと言うと、動物を殺してはいけないというのが大前提です。ですから、この大前提に例外を設けるためには、特別な許可がいるということです。特別な許可が免許です。そうすれば、どこで誰がどのような動物実験を行っているのか等のことも正確に把握できるでしょう。

第二に、特定の動物実験をしてもよいかどうかの判断は、動物実験委員会で行われます。しかしながら現状では、その委員会の委員がほとんど動物実験の関係者、そうでなくても同じ研究機関の人間によって占められています。これは、現状の動物実験委員会が動物実験の技術面の審査を主たる役割としているからではないかと考えられます。しかし、これでは、動物実験の倫理面を審査することはできません。今の問題点は、動物実験関係者の常識が一般市民の常識からかけ離れていることだからです。では、どうしたらよいでしょうか。最初に思い浮かぶのは、動物実験委員会の委員の過半数を一般市民で構成することです。ただし、一般市民と言っても、関係者の親族や取引業者の従業員を連れてきたのでは意味がありません。また、動物実験委員会が研究機関に所属しているのであれば、動物実験委員会が研究機関の下請けに堕する可能性があります。そのことを考えると、動物実験の可否を審査するところは、研究機関から独立した組織であるべきだと思われます。

ここで参考になるのが、裁判員制度です。裁判員制度というのは、刑事裁判の被告人が有罪か無罪かを、一般国民の間から無作為に選ばれた裁判員が、裁判官と一緒に判断するというものです。裁判員制度に倣って、動物実験審査員制度を考えることができます(43)。つまり、動物実験審査員制度では、一般国民の間から無作為に選ばれた審査員が、計画された動物実験が犯罪にならないかどうかを事前に判断するのです。こういう制度を新たに設ければ、動物実験の技術面だけではなくて、動物実験を倫理的観点から適切に審査できるでしょう。ひょっとしたら、素人の一般国民に動物実験の倫理面を審査できるのか、という疑問があるかもしれません。しかし、そういう心配はありません。素人の一般国民にとっても、刑事裁判の被告人が有罪か無罪かを判断するのに比べたら、動物実験が犯罪になるかどうかを判断するのは容易いと思います。

このような歯止めが、最低限必要です。そうでなければ、国民のあずかり知らないところで、おぞましい動物実験が行われることになってしまいます。

4　まとめ

この章で、私は次の六つのことを主張しました。

一、動物には三つの基本的動物権があるので、動物を人間による虐殺、虐待、監禁から解放する必要があります。

二、動物を殺して食べることは道徳的不正なので、私たちは肉食を止めて、畜産業を廃止するべきです。

三、ただし酪農と採卵は、よほど動物の権利を尊重すれば、道徳的に許されるかもしれません。

四、動物を虐待して殺すことは道徳的不正なので、動物実験、少なくとも典型的な動物実験は止めるべきです。

五、その目標に向かって今できることとして、動物実験を行う研究機関も研究者も免許制にする必要があります。

六、もう一つ、動物実験の可否を検討する動物実験委員会は、動物実験を行う研究機関とは独立に設置し、裁判員制度に倣って一般国民による動物実験審査員制度に改変するべきです。

皆さんは、どう思いますか。肉食と動物実験とでは、必要性の種類や程度に違いがあると思われるかもしれません。その点で、動物実験の全廃はそれほど説得的と思われないかもしれません。その場合でも、動物実験免許制や動物実験審査員制度の提案には賛同してもらえるでしょうか。肉食については、どうでしょうか。肉食は、自分が今日肉を食べるか食べないかという決断に直接関わります。ですから、判断を避けることはできません。どうしたらいいか、自分でよく考えてくださるよう、お願いします。

（1）定義的に言うと、「牛、馬、豚、めん羊、ヤギ、犬、猫、いえうさぎ、鶏、いえばと及びあひる」は、人が占有していなくても、保護対象になります。しかしながら、これらの動物は、通常は人が占有している動物です。

（2）放し飼いにされている犬や猫は、例外になるかもしれません。そのような犬や猫は、誰か飼い主に占有されていても、自由を奪われていません。しかし、そのように自由な犬や猫は、現代日本にはほとんどいません。ちなみに環境省の飼養基準では、犬の放し飼いは原則禁止されていて、猫は「屋内飼養に努めること」とされています。

（3）この主張は当然、人間にも当てはまります。ときどき事件になるように、人間が他の人間を監禁していた場合、監禁されている被害者を犯罪者の手から解放せよ、という主張になります。もちろん例外もあります。赤ちゃんやヨチヨチ歩きの幼児は、ベビーベッドや保育園に閉じ込められていても、監禁にはなりません――正当にも保護されているからです。

（4）ピーター・シンガーの動物解放論と同じではありません。ここでいう動物解放論は権利に基づいた動物解放論、シンガーの動物解放論は功利主義に基づいた動物解放論です。

（5）ごく部分的には可能です。例えば、動物権利団体が支援者からお金を募って、集まったお金を所有権者に支払って動物を買い戻し解放することはありえます。しかし全面的にそうやって、すべての囚われた動物を解放することは困難と思われます。

（6）すでに述べたように、動物の愛護及び管理に関する法律は基本的に哺乳類と鳥類と爬虫類を対象とし、鳥獣の保護及び管理並びに狩猟の適正化に関する法律は鳥類と哺乳類を対象とします。しかし動物権利論はそれらの動物に限定されず、両生類や魚類にも基本的動物権を主張します。ただし、軟体動物や甲殻類や昆虫は、苦痛を感じるのかどうか、よく分かりません。ですから、軟体動物や甲殻類や昆虫に権利があるのかどうかは、意見の別れるところです。しかしながら軟体動物や甲殻類や昆虫も苦痛を感じているかもしれませんし、一見したところでは苦痛を感じて行動するように見えます。ですから私は、軟体動物や甲殻類や昆虫も苦痛の感覚があり権利もあるとみなしたほうが無難だと思います。
(7) この副題は、英語原題の直訳です。
(8) 佐藤『アニマルウェルフェア』、一四頁。
(9) 農林水産省、「平成三〇年畜産統計」によります。
(10) 同上。
(11) この段落と次の段落の百分率は、畜産技術協会「肉用牛の飼養実態アンケート調査報告書」によります。
(12) 畜産技術協会「アニマルウェルフェアの考え方に対応した肉用牛の飼養管理指針」、五頁。
(13) 同上。
(14) 農林水産省「平成三一年畜産統計」によります。
(15) 農林水産省「平成三一年畜産統計」によります。
(16) この段落の百分率は、畜産技術協会「豚の飼養実態アンケート調査報告書」によります。
(17) 農林水産省「平成三一年畜産統計」によります。
(18) 業界では、生産性が低くなった動物を選抜除外することを「淘汰する」と呼ぶようです。
(19) 農林水産省「平成三一年畜産統計」によります。
(20) 八木『知識ゼロからの畜産入門』、七二頁。
(21) 佐藤『アニマルウェルフェア』、一二三～一二四頁。
(22) 農林水産省「平成三一年畜産統計」によります。
(23) 「バタリーケージ」は、今では「従来型」と呼ばれることもあります。
(24) 畜産技術協会「採卵鶏の飼養実態アンケート調査報告書」、一五頁。
(25) 同書、一二三頁。
(26) 日本種鶏孵卵協会「平成三十年採卵用ひな餌付羽数」によります。

(27)　森「にわとり残酷物語」、三三頁。
(28)　もちろん、現在のように安い肉や牛乳や鶏卵を大量消費することはできないかもしれませんけれども。
(29)　「絶対菜食主義」や「完全菜食主義」という言い方もあります。
(30)　動物権利論の中の原理主義者・急先鋒ゲイリー・フランシオンがこの立場の代表です。
(31)　例えばピーター・シンガーは、放し飼い鶏の卵には反対しないようです（『動物の解放　改訂版』、二二〇頁）。
(32)　この点に関しては、例えば蒲原『ベジタリアンの健康学』を参照してください。
(33)　もちろん、厳密に言えば、実験用に動物を飼育しているだけでも、動物の自由を奪っているので問題があります。しかし、それよりも動物実験のほうがはるかに大きな問題なので、ここでは動物実験に焦点を当てます。
(34)　太田『ありがとう実験動物たち』、一二八頁。
(35)　八神『ノックアウトマウスの一生』、二〇八頁。
(36)　以下の数字は、日本実験動物学会「実験動物の使用状況に関する調査について」によります。
(37)　日本実験動物協会「実験動物の年間総販売数調査」によります。
(38)　この考え方は、それぞれの状況で関係者の範囲を適切に限定することもできます。例えば名古屋の市政について話しているときならば名古屋市民に、日本の国政について話しているときならば日本国民に限定することができます。しかし、そのように限定しない場合、関係者の範囲は、幸福や不幸を感じることができるすべての者になります。
(39)　この分類は、ドゥグラツィア『動物の権利』によります。
(40)　もちろん、死なななければよいというわけではありません。仮に動物が死ななかったとしても、酷い虐待を受けたことに変わりありません。
(41)　種差別という用語は、一九七〇年にリチャード・ライダーが作った造語で、ピーター・シンガーが『動物の解放』（一九七五年）の中で紹介したことで、広く知られるようになりました。

（42）　シンガー『動物の解放　改訂版』、一〇三頁。

（43）　ただし、裁判員制度と違って、刑事裁判を扱うわけではないので、裁判官の関与は必要ありません。

第3章　動物権利論と飼育動物の問題　その二
――動物園／水族館、競馬、伴侶動物、介助動物

1　動物園や水族館って、なんであるの？

❖ライオンが日本の動物園にいる理由

皆さんは、そもそも動物園って何か知っていますか。水族館って何か知っていますか。「そんなことぐらい知っている」という声が聞こえてきます。もちろん、私も、皆さんが動物園や水族館を知らないなどとは思っていません。動物園は、象や虎やライオンやキリンを見に行くところ、水族館は、イルカ・ショーを見に行くところです。いや、もちろん他のものを見に行くという人もいるでしょう。

でも、今述べた動物やショーが、多くの人にとって動物園や水族館の目玉だと思います。でもここで、ちょっと考えてみてください。どうして象や虎やライオンやキリンが日本にいるのでしょうか。

本来いるわけがないですよね。象も虎もライオンもキリンも外来種です。それだけではありません。ワシントン条約というものがあります。これは、絶滅のおそれのある野生動物を保護することを目的とした国際条約です。このワシントン条約で、象と虎とライオンは原則輸出禁止になっています。キリンも将来的に絶滅の可能性がある種として規制対象になっています。では、どうして象や虎やライオンやキリンが日本の動物園にいるのでしょうか。もっとも、原則禁止ということは、例外として輸入が認められることがあるのかもしれません。でも、だとすれば例外として輸入を認めてもらうだけの、どういう正当な理由があるのでしょうか。

日本動物園水族館協会では、動物園や水族館の役割として四つを数えています――すなわち、種の保存と、教育・環境教育と、調査・研究と、レクリエーションです。まず、客に動物を見せて客を楽しませるというのは、例外的に輸入を認めてもらう、それほど立派な理由とは思われません。象や虎やライオンやキリンの展示によって来場者を増やし収入を増やすというのも、立派な理由とは思われません。教育、特に環境教育のために、どうして象や虎やライオンやキリンが必要なのでしょうか。絶滅のおそれのある動物を連れてくることが、どうして環境教育に資するのでしょうか。こういうことをしてはいけませんよということを実践して、むしろ環境教育の趣旨と矛盾しています。調査や研究についても同様です。調査・研究といっても、動物が不自然な環境に置かれたときにどうなるかを実験しているわけではないでしょう。自然のまま、ありのままの動物を調査・研究するのであれば、動物を日本に連れてくるのではなくて、研究者が象や虎やライオンやキリンのいる生息地に行く必要があります。ワシントン条約は、絶滅のおそれのある動物を保護するために動物の輸出入を禁止・規制しています。種の保存を目指すのならば、ワシントン条約の精神を尊重すべきです。もちろん、ひょっとしたら、絶滅のおそれのある動物を日本で保護し、繁殖させ、増やしてから、野生に復帰させるということも考えられるかもしれません。たしかにツシマヤマネコについては動物園で保護増殖事業が行われていますけれども、残念ながら象や虎やライオンやキリンに関しては、そのような保護増殖事業がありません。ということは、象や虎やライオンやキリンを日本に連れてくるだけの、正当な理由がありません。

　いや、ひょっとしたら象や虎やライオンやキリンが日本にいる理由はもっと単純かもしれません。ワシントン条約の前から日本に連れてこられていたから、かもしれません。そうであれば、ワシントン条約ができた後では、その精神を尊重して、希少動物をもといた生息地に戻すべきでしょう。それが、絶滅のおそれのある野生動物を保護することにつながります。そもそも、動物を捕まえて勝手に日本に連れてくるというのがおかしいのです。そういう行為は、人間の場合であれば、拉致、誘拐、強制移住といった言葉で呼ばれます。言い換えれば、象や虎やライオンやキリンが日本にいるのも――そうした動物にも身体の安全保障権と行動の自由権があるのですから――動物の基本権を侵害する、拉致、誘拐、強制移住といった不正行為の産物なのです。ですから、もし拉致され、誘拐され、強制移住させられた動物を見つけたら、私たちはどうすべきでしょうか。動物を故郷に戻してあげるべきです。

「でも、日本で生まれ育った動物についてはどうかな」と疑問に思う人もいるでしょう。もっともです。日本で生まれ育った希少動物は、どうしたらよいのでしょうか。日本で生まれ育った象や虎やライオンやキリンでも、基本的にインドやアフリカ、東南アジアや中国大陸などの故郷に帰してあげるべきです。理由は二つあります。第一に、インドやアフリカや東南アジアや中国大陸と日本では気候条件が異なるので、本来それらの地域に生息する動物を日本で飼育することは適切と思われません。第二に、日本の動物園は、象や虎やライオンやキリンがそれぞれの種に応じた本性的な行動[1]をとることができるほど十分広い生活環境を提供できていません。言い換えると、現状では動物園は、飼育動物に保障すべき四番目の自由――正常な行動を表現する自由――を保障できていないからです。象にしても虎にしてもライオンにしてもキリンにしても、非常に狭いところに閉じ込められています。監禁されています。ですから、象や虎やライオンやキリンは、本来の生息地で野生に帰してあげるべきです。もちろん、必要であれば、野生復帰訓練を施さないといけません。けれども、それが動物の基本的権利を回復する方法です。

❖イルカ・ショーの倫理的問題

おっと、もう一つイルカ・ショーの話をしないといけません。皆さんは動物園に行って、動物を見たことがあるでしょう。動物は、どんなふうにしていましたか。たいてい退屈そうにしているでしょう。もちろん、なかには行動展示といって、動物が行動する姿を見せてくれる展示方法もあります。例えば、ペンギンが歩いたりするわけです。でもそれは例外的で、たいていは退屈そうにしています。動物が退屈そうにしている理由は、簡単です。退屈だからです。皆さんだって、病院に入院していたら、することがなくて退屈でしょう。でも、これは動物にとって、ある意味ではよいことです。動物は、少なくとも使役されていません。どういうことかと言うと、昔は動物園で動物に芸をやらせていました。もちろん、客寄せのためにです。しかし今、日本の動物園で動物に芸をやらせているところは、まったくないか、ほとんどないと思います。

ところが、動物園ではやらなくなった芸を水族館ではイルカやアシカにやらせています。どうなっているのでしょうか。どうして動物園では動物に芸をやらせなくなったのでしょうか。芸というのは、人間が見て面白いことを動物に強制的にやらせることです。強制的にやらせないといけないのは、動物が自発的には芸をしてくれないからです。強制的な訓練の手段は、アメとムチ、つまり餌をやったりムチで打ったりということです。このような手段で動物に芸を強制することは、動物の虐待であり、動物の福祉に反します。それが、動物園で動物に芸をやらせない理由です。では、どうして動物園ではやらせない芸を水族館ではイルカやアシカにやらせるのでしょうか。もちろん昔は水族館でも、イルカ・ショーやアシカ・ショーをやっていませんでした。あるときから始めたのです。それはなぜでしょうか。それはもっぱら客を増やして売上げを増やすためです。要するに人間がお金儲けをするためにイルカなどに芸をやらせているのです。ですから、水族館はイルカ・ショーやアシカ・ショーを止めるべきです。

「えっ、でもイルカ・ショーって楽しいから」と思う人もいるかもしれません。たしかにイルカ・ショーは楽しいでしょう、見ている人間にとっては。しかし、皆さん、イルカ・ショーだけではなくて、ショーの背後にも目を向ける必要があります。イルカにとっては、ショーは毎日の強制労働です。「そら、餌をもらうのだから、それくらい働けよ」「人間も働いている」と言われるでしょうか。違い

ます。私たちの労働は強制労働ではありません。イルカにとって、ショーは強制労働です。そこが違うのです。(2)

それだけではありません。イルカやアシカなどは非常に狭い水槽に閉じ込められています。イルカもアシカも本来は、広大な海洋で生きています。海の広さと比べてください。イルカなどの水槽がいかに狭いかがよく分かるでしょう。ですから、強制労働という点で、イルカ・ショーやアシカ・ショーは特別に悪く、本来の生息域が広大なだけ、それだけイルカやアシカの監禁はより酷いと思われます。

その他の点では、水族館の問題点は、動物園の問題点と同じなので繰り返しません。動物権利論から見た場合、動物園水族館の基本的問題点は、野生動物を檻に閉じ込めているということです。文字通り檻から解放して、動物を自然に帰してあげましょう。動物は、自由に生きる権利があるからです。

❖倫理的に正しい動物園・水族館はありえるか

ということは、基本的に動物園や水族館を全廃しよう、ということになりそうです。でもね、基本原則はそうだとしても、例外ってないのでしょうか。道徳的に正しい、動物の権利を尊重した動物園や水族館ってありうるでしょうか。(3) 少し考えてみましょう。まず、外国産の動物を連れてくるのはいけません。すでに述べたように、拉致、誘拐、強制移住になるからです。(4) ですから、動物園や水族館にいるとしたら、それは日本の動物・生き物に限ります。(5) ひょっとしたら、ごく小さな動物や昆虫は動物園で十分に広い——その中で動物や昆虫が自由に行動でき、それぞれの種に本性的な活動を行うことができる――生息環境を提供できるかもしれません。池に棲んでいる魚類や、あまり動かない、浜辺の生き物についても、同様です。水族館で、十分に広くてよい生息環境を再現できるかもしれません。しかし、中型以上の動物については、動物園や水族館で動物にとって十分に広い生息環境を提供することが困難と思われます。

むしろ、山全体、水域全体を、自然の動物園や水族館と考えたほうがよいでしょう(6)。皆さんも「バード・ウォッチング」って聞いたことがあるでしょう。野生の鳥を観察に行くのです。鳥を捕まえてきて展示するのではありません。人間が、自然の中で生きている野生の鳥を見にいくのです。同じことです。今でも、山に行くとカモシカや猿に出会えることがあります。野生の動物が十分に保護されていれば、私たちは山などに行って野生動物に出会えるでしょう。イルカやクジラについても、見たい人はイルカ・ウォッチングやクジラ・ウォッチングに出かければよいのです。そのほうが動物の権利を尊重することになるし、私たちも野生動物の生命への畏敬を学ぶことができると思います。

もちろん、山に動物を観察に行くといっても、例えば熊に出会うのは怖いですよね。怖いだけではなくて、襲われる危険性もあります。同時に、私たち人間が動物の生活を脅かすのも良いことではありません。そこで便利な物があります、双眼鏡です。双眼鏡で動物を遠くから眺めれば、私たちが襲われることもないし、動物を脅かすこともありません。

「でもそれじゃ、山に行くことができない人は、どうすればいいの」と思った人はいますか。どうすればいいのでしょうね。どうしようもないです。そういう人は残念ですけれども、もっと身近で観察できる動物で満足するか、写真や動画を見て満足するより仕方ないと思います。

「でもそしたら、象や虎やライオンやキリンなど外国の動物は見ることができなくなるのか」と疑問に思った人もいるでしょう。これも同様です。残念ですけれども、外国の動物を日本で見ることはできなくなります。外国の動物を見たい人は、外国に出かけていって見るか、写真や動画を見て満足するか、しかないと思います。外国の動物は、外国にいる憧れの動物にとどまることになります。それでよいのではないでしょうか。

2　競馬って、そもそも必要か？

さて次は、競馬です。競馬はけっこう大きな産業であるにもかかわらず、あまり論じられることがないので[7]、独立の節としました。競馬が何か、皆さんもよく知っていますね。あれ、知らない人もいますか。競馬を一言で言うと、馬の競争です。馬が競争するのです。でも、それが後景に退いてしまう感じがするのは、競馬というと賭け事という印象が強いからでしょうか。競馬というと、馬が競争する姿を思い浮かべるよりも、おじさんが競馬新聞に食い入るように見入っている姿が頭に思い浮かぶかもしれません。でも、おじさんやおばさんが何をしようと自由です。ここで私に関心があるのは、賭け事の倫理ではありません。馬の置かれた状況のほうです。

❖日本の競馬の実態

でもまあ、そこへ行く前に、競馬の全体像を見ておきましょう。日本で競馬は、中央競馬と地方競馬に分かれます。中央競馬を主催するのは日本中央競馬会で、地方競馬を主催するのが都道府県です。[8]日本中央競馬会は、競馬法という法律によって作られた団体であり、都道府県は同法によって競馬をすることが許されています。実際には競馬を主催しない府県もあります。分かりやすいところから行きましょう。日本には、日本中央競馬会の競馬場が十か所、そのうち二か所は地方競馬と併用で、地方競馬独自の競馬場が十五か所、合計で二十五の競馬場があります。では、日本に何頭の馬がいるのでしょうか。二〇一七年の統計ですけれども、約七万五〇〇〇頭の馬がいます。そこから農用馬や在来馬などを除いて、競馬用の軽種馬は、約四万二〇〇〇頭がいます。[9]このうち現役の競走馬は、中央競馬に八〇二五頭、地方競馬に一万三七九頭、合計で一万八四〇四頭がいます。[10]これだけを見ても、競馬用の馬の総数に比して現役の競走馬の数が多いのが見て取れます。割合にして約四四％です。

次に、日本では何頭の軽種馬が生まれるのでしょうか。二〇一六年には、六八七二頭の軽種馬が生まれました。[11]そのうち競走馬として登録されたのは、五九一四頭です。[12]割合にして約八六％です。残りの約一四％は、病気、事故その他の理由で競走馬になれなかったものと考えられます。ここで注意してください。競走馬として登録される頭数が、一年で約五九〇〇頭です。それに比して、登録されている競走馬の総数が約一万八〇〇〇頭です。登録される馬の数がやけに多くないですか。いや、逆のほうから言ったほうがよいでしょう。一年に登録される競走馬の数に比して、現役で登録されている競走馬の数が少なすぎるのです。

どういうことかと言うと、競走馬が現役で活躍できる期間が非常に短いということです。中央競馬および地方競馬に登録されている現役の競走馬の数を見てみましょう。こちらは少し過去の数字ではなくて、今現在の数字です。三歳馬は五九八五頭います。ところが四歳馬は四五三一頭です。さらに五歳馬は三四四八頭です。単純に数えると、三歳から五歳までの二年間で馬の数が四二％減っています[13]。登録抹消されているわけです。六歳馬は二二六〇頭、七歳馬は一三一九頭、八歳馬が七二七頭というぐあいです[14]。では、登録抹消された軽種馬はどうなるのでしょうか。種雄馬や繁殖雌馬として生き残ることができるのは少数です。例えば二〇一九年に国内の軽種馬で種雄馬や繁殖雌馬として登録された馬は、一一七七頭です[15]。後のほとんどの競走馬は引退後、殺されて馬肉になります。もちろん、引退した競走馬の中には、乗馬クラブなどで第二の人生を送る馬もいます。しかし、乗馬クラブの側で馬の需要が大きくないので、乗馬クラブなどで第二の人生を送ることができる馬の数は限られています。また、屠畜場《とちくじょう》で屠殺されて馬肉になる国産馬は、ほとんどが軽種馬と考えられます。ですから、軽種馬は直接屠畜場に行くか、間接的に乗馬クラブなどを経て屠畜場に行くか、いずれにしても屠畜場に行って殺されるわけです[16]。

❖競馬の動物倫理的問題

では、競馬の何が問題でしょうか。もちろん、動物権利論から見た場合、馬が人間によって捕らわれているということがすでに問題です。しかしながら、それ以上に、馬が競争させられているということが大きな問題です。どうしてでしょうか。皆さんの中には、「野球選手だって、オリンピック選手だって、競争しているのだから、競走馬が競争してもおかしくないんじゃないの」と感じた人もいるのではないでしょうか。でも、違います。第一に、野球選手やオリンピック選手は、自発的に競争します。競走馬は、鞭で打たれて競争させられます。これは、直前の第1節でイルカ・ショーについて述べたのと同じ論点で、競争が馬にとっては強制労働だということです。しかも、競走馬は鞭で打たれて全力疾走させられるのですから、イルカ・ショーに比べて、競走馬の労働はより過酷と思われます。第二に、野球選手やオリンピック選手にとって、野球やオリンピックは人生の一部にすぎません。現役を引退した後も、元野球選手や元オリンピック選手には、自分自身の人生があります。しかし、競走馬にとっては、直前の段落でも述べたように、競馬が人生のほとんどすべてです。軽種馬は、競馬のために誕生させられ、競馬のために生かされ、競馬が終われば殺されます。言ってみれば、競馬のための道具にされています。ですから、仮に馬の福祉が尊重されているとしても、それは競馬事業に貢献する限りにおいてのことでしょう。競馬事業とは独立に、馬自身の福祉はほとんど顧みられません。

しかも、人間は何のために馬を競争させるのでしょうか。なんら重要な目的のためでもありません。純粋に娯楽のため、賭け事遊びのためです。ですから、人間は、なんら重要でない、必要でない目的のために馬を酷使し、用が済んだら馬を殺しているのです。それだけ、競馬は強く批判されるべきです。したがって、それだけ強い理由で、競馬を止めるべきなのです。

3 伴侶動物は飼ってもよいのか？

❖犬や猫は飼ってよい？

昔は、愛玩動物と言いました。最近は、伴侶動物と言います。「愛玩動物」と「伴侶動物」では、言葉の印象も違えば、定義も違うと思います。ここで話をしたいのは、主に犬と猫のことです。金魚やカブトムシや文鳥のことではありません。伴侶動物というのは、人間にとって人生の伴侶、家族の一員という意味合いなので、他の飼育動物よりも地位が高いように思われます。明らかに、牛や豚や鶏のような産業動物とは違いますよね。産業動物が金儲けのための資源として利用されるのに対して、伴侶動物は愛されているように思われます。

第1章や第2章で述べたように、動物権利論の考えによれば、動物には生命権、身体の安全保障権、行動の自由権があります。ですから、動物を檻に入れたり鎖につないだりすることが、そもそも間違いです。第2章第1節で述べたように、動物権利論は自然に動物解放論につながります。それが動物権利論の基本線です。しかし、伴侶動物の飼育が間違いだというのは、それほど自明ではないように感じられます。というのは、伴侶動物は、十分によい待遇を受けているように思われるからです。ですから、伴侶動物の飼育は間違いではない、道徳的に正当化できる可能性があります。その可能性を探ってみましょう。そうしたいのには、二つ動機があります。第一に、人間の心情の問題として、動物の権利を擁護してくれる多くの人は動物好きで、犬や猫を飼っている人も多いでしょう。そういう人たちは、自分が飼っている犬や猫を愛しているでしょう。そういう人たちにとって、犬や猫の飼育が間違いだと言われることは辛いでしょうし、そのように言うことはそういう人たちを心情的に疎外することになります。疎外された結果、そういう人たちが、動物の権利を擁護する運動から離れていけば、動物の権利を擁護する運動が弱体化します。結果的に動物の権利・福祉があまり推進されなくなります。これは動物にとってよいことではありません。

第二に、人間が他の動物に権利を認めることができるためには、他の動物に共感できる必要があります。ところが、他の動物と何の付き合いもない、他の動物のことをまったく知らないのでは、他の動物の気持ちに共感することは困難でしょう。私たちは相手とある程度付き合ったことがあるから、相手の気持ちが分かるようになるのです。ですから、犬や猫との関わりは、私たち人間と他の動物との架け橋になってくれる可能性があります。犬や猫の気持ちが分かることによって、私たちは、より一般的に他の動物の気持ちが分かるようになるのです。そういう意味でも、犬や猫との関わりは、よいものだと思われます。

❖犬猫は飼われたくて飼われているのか

皆さんは、日本で何頭の犬や猫が飼われているか、知っていますか。犬が約八七九万七〇〇〇頭、猫が約九七七万八〇〇〇頭、合わせて約一八五七万五〇〇〇頭です(17)。多いですね。きっと皆さんの中にも、犬や猫を飼っている人がいるでしょう。人間と犬や猫との間に愛情や友情が育まれれば、美しいでしょう。愛情や友情は、生を豊かなものにしてくれるでしょう。

人間は通常、犬や猫を自発的に飼います。では、犬や猫は自発的に飼われているでしょうか。これは、犬や猫に聞いてみないと分かりません。自発的に飼われている犬や猫もいるかもしれません。自発的でなくイヤイヤ飼われている犬や猫もいるかもしれません。どうしたら分かるでしょうか。犬や猫に選ばせてみることです。犬や猫に自由に選ばせてみたとき、犬や猫は飼い主のもとに留まるでしょうか、それとも自由を手にしたとき、どこかへ行ってしまうでしょうか。人間と犬や猫との関係が人間によって犬や猫に強制されたものである場合、そういう関係は道徳的にかなり疑わしいものになります。反対に、犬や猫が自発的に飼い主のもとに留まる場合、人間と犬や猫との関係は道徳的に間違いでない可能性があります。

とはいえ、犬や猫が一見自発的に飼い主のもとに留まるというだけでは安心できません。というのは、犬や猫は他の選択肢が実質的にないからしぶしぶ飼い主のもとに留まるのかもしれないからです。つまり、飼い主のもとを離れても自分で生きていく術を知らないから飼い主のもとに帰ってくる可能性があります。犬や猫は野生で生きていく、つまり自然の中で自活する方法を習っていないかもしれませんし、街中の環境は自然環境とは違うかもしれません。それだけ犬や猫は人間に依存的な存在になっている可能性があります。もしそうだとすれば、どうしたらよいでしょうか。二つのことが考えられます。一つは、犬や猫に野生復帰訓練を施して、野生に返すことです[18]。もう一つは、終生飼養の責任を負うことです。一つ目の野生復帰は、犬や猫の場合、あまり現実的でないとしましょう[19]。そうすると、終生飼養の責任を負う場合、同じ悲劇——犬や猫が飼い主のもとにしぶしぶ留まるという状況——を繰り返さないために、犬や猫を繁殖させない、ということになります。

でもひょっとしたら、犬や猫は、しぶしぶ飼い主のもとに留まるのではなくして、野生で生きるよりも、喜んで飼い主に飼育されることを選んでいるのかもしれません。そういう可能性もあります。それを考えてみましょう。もしそうであれば、人間が犬や猫を飼うことが道徳的に正当化されそうだからです。そういう可能性を考えるのがどういうことかというと、犬や猫が一見自発的に飼い主のもとに留まる場合、犬や猫がしぶしぶそうしているのか真に喜んでそうしているのかを見極めるということです。一見したところ、犬や猫は飼い主のもとに留まっているのです。そういう意味では、犬や猫に心の中を聞いても分かりません。外側から行動を観察しただけでは、判断しかねるということです。では、どのように考えたらよいのでしょうか。

❖人間に飼われることの損得計算

一つのやり方は、客観的条件を考えることです。犬や猫は、野生で生きていくことができるものとします。つまり、犬や猫には、野生で生きていく能力があるものとします。その仮定のもとで、犬や猫は、野生で生きていくか人間に飼われて生きるかを自由に選択できます。その場合、野生で生きるよりも人間に飼われて生きるほうが、動物自身にとって得になるのであれば、犬や猫はしぶしぶではなく喜んで人間に飼われることを選んでいるのだと言えるでしょう。ですから、犬や猫がしぶしぶ人間のところにいるのか喜んで人間のところにいるのかの判定は、野生で生きるのと人間に飼われるのとどっちが動物にとって得になるのか、という損得計算になります[20]。

そういう損得計算をやってみましょう。まず、犬や猫は人間に飼われることによって何を失うでしょうか。第一に、行動の自由が部分的に制限されえます。例えば、夜は外出できないで家に閉じ込められたり鎖につながれたりするかもしれません。ここでもう一度繰り返します。犬や猫は完全には行動の自由を奪われません。つまり、犬や猫は家出をする自由がある、それでも飼い主のもとに留まっているという想定のもとで今は考えています。ですから、行動の自由の喪失はあくまでも部分的です。第二に、身体を毀損されるかもしれません。例えば、去勢されたり不妊化されたりする可能性があります。あるいは交尾の相手と出会わせてもらえないかもしれません。その結果として第三に、子供を産み育てるという喜びを奪われるかもしれません。反対に、犬や猫は人間に飼われることによって何を得るでしょうか。第一に、食料を得ます。第二に、快適な寝床を得ます。第三に、外敵から守られます。第四に、日本ではおそらく医療も得ることができるでしょう。これらの結果として第五に、長寿を得るでしょう。さらに第六に、飼い主からの愛情を得るでしょう。

これらの不利点と利点を総合すれば、結局、人間に飼われることは犬や猫にとって損になるでしょうか、得になるでしょうか。もちろん、こうした比較衡量を行うに際して、正確な計量化は望むべくもありません。私たちにできるのは、おおざっぱな直観的判断にすぎません。それでも私は、今の場合、人間に飼われるほうが犬や猫にとって得になりそうだと思います。ですから、もし私の判断に間違いがなければ、犬や猫を飼育することは道徳的に正当化されそうです。

右では、犬や猫に家出の自由があるという想定のもとで考えました。これは要するに、犬や猫を出入り自由、放し飼いにするということです。この想定は、現代日本、特に都市部ではあまり現実的でないかもしれません。(21) そこで、より現実的な飼育方法――つまり放し飼いではない飼育――についても考える必要があります。放し飼いではない飼われ方をするという条件のもとで、野生で生きるのと人間に飼われるのとどっちが、犬や猫にとって得になるでしょうか。もう一度、損得計算をしてみましょう。犬や猫が得るのは、前回と同じ六点、すなわち食料、寝床、安全、医療、長寿、愛情です。犬や猫が失うものに関しても、第二と第三の点――身体を毀損されるかもしれないし、交尾の相手と出会わせてもらえないかもしれないという点と、子供を産み育てる喜びを奪われるかもしれないという点――は、前回と同じです。違うのは第一の点です。今回の想定では、犬や猫は行動の自由を制限されます。もはや家出の自由がない、ですから、後で嫌だなあと思っても逃げ出せない、そういう境遇が選択肢です。もちろん、これは犬や猫にとって不利な点です。問題は、これら三つの不利な点を認めた上で、六つの利点が三つの不利点を十分に凌駕するかどうかです。皆さんは、どう思いますか。

第一の不利な点は非常に大きいです。この不利点を評価するにあたっては、行動の自由がどのくらい制限されるのかということも考える必要があるでしょう。例えば、室内飼育の場合、家がどれくらい広いか狭いか、犬が庭で飼育される場合、庭がどれくらい広いか狭いか、散歩にどれくらい連れ出してもらえるか、といったことです。これを逆に飼育者の観点から言えば、三つの不利点よりも六つの利点のほうが十分に大きくなるように、第一の不利点を小さくしなければならないということです。そうしなければ、犬や猫の飼育が正当化されません。第一の不利点を小さくするとは、犬や猫に十分な行動の自由を保障するということです。

それだけではありません。私たちは今、六つの利点（食料、寝床、安全、医療、長寿、愛情）と三つの不利点（行動の制限、身体の毀損可能性、出産育児経験の剥奪）を総合して結局人間に飼育されることが犬や猫にとって得になるのか損になるのかを考えています。第二と第三の不利点が比較的一定だとしましょう。第一と第二と第三と第四と第五の利点も比較的一定だとしましょう。第一の不利点が可変的であるように、もう一つ可変的なのは第六の利点です。もちろん、飼い主は愛情をもって犬や猫を育てるというのが、一応の想定です。しかし問題は、飼い主の愛情がいつ変わらないとも限らないということです。例えば、普段は優しい飼い主がときどき意地悪になるとか、忙しくなると犬や猫のことを忘れるとかいったことです。この可能性を考慮に入れる必要があります。この可能性が非常に危険な可能性なのは、第一の不利点のゆえです。というのは、飼い主が優しくなくなったとき、意地悪になったとき、犬や猫は逃げ出すことができないからです。ですから、第一の不利点のゆえに、第六の利点はある程度割り引いて考える必要があります。簡単に言い換えると、飼い主が優しいと思って安心していると、酷い目にあう可能性があるということです。

❖飼い主による虐待を防ぐために

さらに別の言い方をすると、犬や猫はいつでも虐待の危険性に晒されているということです。ですから、犬や猫の飼育が正当化されるためには、私たちはどうしてもこの虐待の危険性を排除する必要があります。これは、飼い主個人の善意を前提するだけでは足りません。私たちの社会が、伴侶動物飼育の道徳的正当性を制度的に保障する必要があります。これには、二つのことが考えられます。一つは、信頼に値する人間だけが伴侶動物を飼育するように、犬猫の飼育を免許制にすることです。犬や猫を飼いたい人は、例えば講習を受講したり、試験に合格したり、誓いを立てたりという条件で犬猫の飼育を許可されるようにするわけです。

もう一つは、より難しいのですけれども、動物虐待監視員制度というものです[22]。すでに述べたように、犬や猫は飼い主によって虐待される可能性があります。しかもこの虐待は通常個人宅で行われるため、問題が発覚しにくいという難点もあります。とはいえ、そのような虐待を放置してよいわけではありません。動物虐待が合理的に疑われるばあい、動物虐待監視員は立ち入り調査をすることができ[23]、調査に基づいて動物虐待監視員が裁判所に起訴できるようにします[24]。これは、検察や警察の業務の一部を動物虐待監視員に代替させる制度と理解してもらえればよいでしょう。

これで、犬や猫が飼い主によって虐待される可能性が非常に小さくなるでしょう。でも、それで十分かといえば、まだ十分でありません。通常、犬や猫よりも人間のほうが長生きなので、飼い主よりも伴侶動物のほうが先に亡くなります。しかし、常にそうとは限りません。ときには犬や猫よりも飼い主のほうが先に死ぬことがあります。そうしたとき、故人の同居家族が伴侶動物の飼育を引き継いでいける場合もあります。しかし、常にそうとは限りません。故人の同居家族に犬や猫を飼育する能力や意志がなかったり、そもそも故人が一人暮らしであったりする場合、犬や猫が路頭に迷う可能性があります。最悪の場合、閉じ込められた家の中で飢え死にすることさえ考えられます。ですから、伴侶動物を飼おうとする人は、そのような場合に備えて手立てを講じておく必要があります。具体的には、伴侶動物のための生命保険や信託が考えられます[25]。こうした制度への加入を伴侶動物飼育の許可条件とするべきです。

❖繁殖のあり方に改革を

以上述べてきた点をまとめれば、こうです。

一、伴侶動物に十分な行動の自由を保障する。
二、伴侶動物の飼育を免許制にする。
三、動物虐待監視員制度によって、動物の虐待を防止する。
四、飼い主なき後の生活保障をする。

伴侶動物の飼育が道徳的に正当化されるためには、少なくともこれら四点が必要です。しかしながら、これでも十分ではなく、まだ見落としている点があります。伴侶動物の問題を考えるとき、飼育の現場――飼い主と伴侶動物の関係――を見るだけでは十分でありません。伴侶動物の飼育という慣行を社会的な制度としても見る必要があります。そこに注目したとき、現行の制度には大きな問題があります。

現在の日本では、犬や猫はその大半が繁殖や販売に携わる業者によって供給されます。つまり飼い主は、たいていの場合、犬や猫を犬猫販売店から購入します。このとき、自由市場の中で犬や猫の供給は需要とは独立に行われるので、通常、需要よりも供給のほうが多くなります。ということは、売れ残る犬や猫が出ます。実は、動物の愛護及び管理に関する法律が二〇一二年に改正されるまで、都道府県等は犬や猫の引き取りを所有者から求められたとき、犬や猫を引き取らなければならないとされていました[26]。そのため、売れ残った犬や猫は、都道府県等に大量に持ち込まれていました。例えば、改正の二年前、二〇一〇年度には、二四万九〇〇〇頭の犬猫が持ち込まれました[27]。それが二〇一二年の改正で、都道府県等は、引き取りを拒否できるようになりました。その結果、改正から二年後の二〇一四年度には、都道府県等が引き取った犬猫の数は一五万一〇〇〇頭になりました。では、都道府県等に引き取られた犬や猫がどうなるか、皆さんは知っていますか。聞いたことがある人も多いでしょう――都道府県等は、犬や猫の飼い主を探すよう努力しますけれども、飼い主が見つからなかった場合、犬や猫は殺処分されます[28]。もちろん、この数字の中には業者から持ち込まれる犬猫だけではなくて、飼い主によって持ち込まれる犬猫も含まれます。第三者によって持ち込まれる犬猫も含まれるでしょう。ですから、すべてが業者の責任というわけではありません。飼い主にも責任があるでしょう。飼い主の責任については、すでに述べた免許制によって飼い主の資質の向上をはかるとしましょう。

二〇一〇年度の犬猫引き取り数に比べて、二〇一四年度の犬猫引き取り数は激減しています。これは、都道府県等が引き取りを拒否できるようになったために、業者が犬猫を安易に持ち込めなくなったからだと考えられます。これは、それだけを見れば、良いことだと思われます。しかしながら、犬猫の供給側の体制は、そう簡単には変わりません――同じように自由市場の中で、できるだけ多くの犬猫を売ろうとするからです。どうしても、売れ残りが出てしまいます。売れ残った犬や猫は、どこへ行くのでしょうか。「引き取り屋」に引き取られると言われます。引き取り屋というのは、売れ残った犬や猫を有料で引き取ってくれる業者のことです。引き取り屋は、引き取った犬や猫を遺棄したり、殺すのではなくて、劣悪な環境で死ぬまで飼育したりするようです。(29)二〇一八年度、都道府県等が引き取った犬猫の数は、九万二〇〇〇頭に減っています。二〇一四年度と比べても、ずいぶん減っていますよね。しかし他方で、二〇一四年度に業者が販売等で流通させた犬猫の数は、約七五万頭、二〇一八年度に流通させた犬猫の数は約八九万六〇〇〇頭です。(30)つまり市場は大きくなっています。それだけ「引き取り屋」の暗躍が危惧されるわけです。

これに対して、皆さんは次のように思われるかもしれません。

「まったく困ったもんだ。でもせっかく動物虐待監視員制度を作るのだから、動物虐待監視員に、飼い主による虐待だけではなくて、引き取り屋による虐待も監視させればいいんじゃないか。」

なるほど、その通りです。それも一つのやり方だと思います。実際にそれでうまく行くかもしれません。でも、うまく行かないかもしれません。いずれにせよ、問題を発生させておいて、結果的に、法律の網の目をかいくぐろうとする引き取り屋とそれを許すまいとする動物虐待監視員がイタチごっこを演じるというのは生産的でないでしょう。

では、どうしたらよいでしょうか。繁殖させてから、買い手を探すという方法に根本的な問題があります。犬や猫を飼いたいという人から注文を受けて、それから繁殖を試みるという順序に変えるべきです。住宅の建設に倣って言えば、繁殖売りから注文犬猫に変えるということです。そうすれば、売れ残りは出ません。少し具体的に言うと、こうです。犬ないし猫を飼いたいという人が例えば八人集まった時点で、あるいは犬ないし猫の注文が八頭分集まった時点で、注文主さんたちに、このオスとこのメスで繁殖を試みますという了解を得ます。了解が得られたら、現実に繁殖を試みます。うまく行けば、注文主さんたちには、将来の伴侶動物が母犬ないし母猫のお腹の中にいるときから、将来の伴侶動物に関わってもらいます。この段階から愛情をもって見守ってもらうということです。もちろん、胎児の数が八頭に足らなければ、注文の順番が後だった人には、次の繁殖に回ってもらいます。こうすれば、すべての赤ちゃん犬や赤ちゃん猫が、その誕生を心待ちにしていた里親に引き取られていくでしょう。このような注文繁殖は、動物愛護センターのような公的機関が行ってもよいし、民間業者が行ってもよいし、非営利の動物愛護団体が行ってもよいでしょう(31)。公的機関や非営利の団体が行う場合、こうした注文繁殖は無償であってもよいし、経費を賄うために有償であってもよいでしょう。

❖野性で死ぬよりも飼われるほうがマシ?

右で私は、現行の伴侶動物のあり方には、その繁殖販売の制度に大きな問題があるので、繁殖売りから注文犬猫に変えるべきだと主張しました。それに対して、「でも、野生で生きる動物の生存率はそんなに高くないのだから、伴侶動物になるのもそれほど悪くない。野生動物に生まれるよりは、伴侶動物に生まれるほうがましなんじゃないか」と思った人がいるかもしれません。例えば猫は非常にたくさん子供を産みます。自然の生態系の中で猫の個体数が一定に保たれているとすれば、生まれた猫が成猫にまで生存できる確率は非常に低いと言えます。そこで、今の疑問は、このように考えるわけです――野生動物に生まれてくるのと人間の伴侶動物に生まれてくるのと、どっちが動物にとってよい境遇なのだろうか。そこで示唆される答えは、伴侶動物に生まれるほうが野生動物に生まれるよりも伴侶動物にとって得なのだから、売れ残った犬猫の問題を解決しなくても、伴侶動物の飼育は道徳的に正当化されるというものです。

この疑問は手強いです。皆さんはどう思いますか。この疑問およびそこで示唆される答えを説得的だと思いますか。たしかに、野生動物の生存率が非常に低いとすれば、伴侶動物が飼い主に巡り会えて幸せな生涯を送る確率のほうが高そうです。だから、犬や猫は、野生動物に生まれるよりも伴侶動物に生まれることを選ぶでしょうか。この思考枠組みの中では、そういうことになりそうです。しかし、それでも現行の伴侶動物のあり方は道徳的に正当化されません。なぜでしょうか。この疑問の論理は、現行の伴侶動物のあり方を道徳的に正当化するために、それをより酷い選択肢と比べています。より酷い選択肢と比べて現行のあり方のほうが伴侶動物にとって得だ、と論じています。こういう論理だと、どんな飼育のあり方でも、野生で死ぬよりもましだと言って正当化されてしまいそうです。(32)どこに問題があるのでしょうか。相手の苦境・窮状につけこんでいるところに問題があります。

相手の苦境・窮状につけこんで自分の利益を得ることを搾取と言います。典型的には、こういう場合です。海で誰かが溺れかかっているとしましょう。そこに船で通りかかった私が、溺れかかっている人に、「浮き輪が欲しいか」と聞きます。その人は、「欲しい」と答えるでしょう。そこで私は、「よろしい、では百万円で譲ってあげましょう」と言います。相手の人は、どう答えるでしょうか。もちろん、溺れ死にたくないので、「分かった、百万円払うから、早く浮き輪をくれ」と答えるでしょう。私はその人に浮き輪を投げてあげて、百万円を手にします。この私の行為を皆さんは、どう思いますか。私の行為は、溺れかかった人の命をたった百万円で救ってあげる立派な行為でしょうか。立派とまでは言えないものの、少なくとも不正ではない営業行為でしょうか。それとも不正な利得行為でしょうか。不正な利得行為です。その不正さを解き明かすのが、搾取という概念です。どういうことかというと、相手の人には他に選択肢がなかったということです。他に選択肢がないから、相手の人は浮き輪を手に入れるために、百万円という値段をふっかけられても二百万円という値段をふっかけられても、その言い値を飲まざるを得ないのです。もし他に選択肢があったならば、例えば浮き輪を千円で買うとか、浮き輪を三百円で借りるとかいう選択肢があったならば、相手の人は浮き輪を百万円で買うことを選ばなかったでしょう。死の可能性が受け入れられないものである以上、相手の人は、私によって提示された選択肢がどんなものであっても受け入れざるを得ないのです。これが、私が相手の苦境・窮状につけこんで暴利を貪るということです。

同じことです。伴侶動物は、野生で生まれるのに比べて現行の伴侶動物のあり方を受け入れるとしたら、それは他に選択肢がないからです。そして他の選択肢を閉ざしているのは、私たち自身です。他の選択肢とは、例えば私が提案した注文犬猫という繁殖方式や、売れ残った犬や猫にも十分に幸せな生を保障する制度です。そういう他の選択肢を閉ざしておいて、私たちは――少なくとも右で紹介した疑問の論理は――野生での生存率が非常に低いという苦境・窮状につけこんで犬や猫に現行の伴侶動物のあり方を受け入れさせようとしています。それで私たちは、売れ残った犬や猫にも十分に幸せな生を保障するための費用を節約したり、繁殖売りから注文犬猫へと制度を変える手間を省いたりしているわけです。こういう搾取の可能性を排除するために、私は先に、犬や猫がしぶしぶ飼い主のもとに留まるのではよくないと言い、犬や猫は野生で生きていくことができると想定しました。ひょっとしたら、野生で生きていくことができるというのは非現実的な想定かもしれません。でも、今現に目の前で生きている犬や猫に対する私たちの義務を考えるため――そして犬や猫との関係を道徳的に正しいものにするため――には、そのような想定が必要だと思います。

❖伴侶動物のエサの問題

これで一応、伴侶動物の飼育が道徳的に許される可能性について述べました。それは、伴侶動物の権利を考えて伴侶動物の飼育が道徳的に許される可能性でした。けれどもそれとは別に一つ、伴侶動物として犬や猫を飼う場合に考えるべき点があります。先に私は、犬や猫は人間に伴侶動物として飼われることで食料を得ると言いました。たしかに現状ではそうです。しかし、もし動物権利論に従って動物を殺さないならば、私たちはどうやって犬や猫のために動物性蛋白質の餌を確保するのでしょうか。ここで、動物権利論と一言で言っても、その中にさまざまな立場がありうることを思い出してください。例えば、酪農や採卵を許容する立場があります。そういう立場ならば、犬や猫に動物性蛋白質の餌を与えることができるでしょう。

しかしそうでなしに、純菜食主義というような立場の場合、犬や猫に動物性蛋白質の餌を供給することは非常に難しくなります。どうしたらよいのでしょうか。犬や猫の生存にとって動物性蛋白質がどうしても必要であれば、その限り肉食もやむを得ない、他の動物を殺すこともやむを得ないということになります。そうであれば、そういうやむを得ない事情を作り出すべきではないでしょう。したがって、犬や猫を飼育するべきではないという動物権利論の基本線に立ち返ることになります。ですから、もし犬や猫の飼育が許されるとしたら、それは積極的に推奨されることではなく、むしろ今すでに生きている犬や猫の生存を守る救済策として認められるにすぎないと思われます。

4　介助動物はどうなのか

❖盲導犬は幸せか？

皆さんは、「介助動物」という言葉を聞いたことがありますか。あまり馴染みのない言葉だと思います。でも、盲導犬は知っているでしょうし、きっと見たこともあるでしょう。盲導犬とは、そう、目の見えない人が連れて歩いている犬のことです。法律の言葉では、「身体障害者補助犬」と言います。正確に言うと、身体障害者補助犬の中には、盲導犬だけではなくて介助犬と聴導犬もいます。盲導犬は、目の見えない人が外を歩くのを助けてくれます。目の見えない人に代わって前や周りを見て、目の見えない人が安全に歩けるよう手助けしてくれるのです。聴導犬というのは、耳の聞こえない人に代わって音を聞いて、それを教えてくれます。介助犬というのは少し分かりにくいかもしれません。手や足の不自由な人に、例えば物を取ってきたり、扉の開閉をしてくれたり、着替えを手伝ってくれたりします。この三種が身体障害者補助犬です[33]。日本では、九二八頭の盲導犬、六一頭の介助犬、六七頭の聴導犬が働いています[34]。このように三種の身体障害者補助犬の中で盲導犬が最も数が多く身近なので、ここでは盲導犬を例にして話をしていきます。

すぐ前の伴侶動物の節では、制度を整えれば伴侶動物の飼育は道徳的に正当化されそうだということを述べました。では、盲導犬はどうでしょうか。盲導犬になることによって、犬は何を得て何を失うでしょうか。伴侶動物と同じく、盲導犬は、食料、寝床、安全、医療、長寿、愛情を得るでしょう。長寿に関して一言付け加えると、盲導犬も年をとると引退します。ただし幸いなことに、役割を終えた盲導犬は殺処分されるのではなくして引退後の余生が保証されます。ですから天寿を全うできます。反対に失うものは何でしょうか。第一に行動の自由が非常に制限されます。第二に、盲導犬は雄ならば去勢され、雌ならば不妊化されます。ですから第三に、盲導犬は子供を産み育てる喜びを奪われます。こうした利点と不利点を総合して、盲導犬になることは犬にとって得でしょうか、損でしょうか。伴侶犬の場合と比べてみましょう。伴侶犬と比べた場合、盲導犬になることは明らかに不利です。盲導犬と伴侶犬の主たる違いは、第一の不利点です。自由の制限が盲導犬の場合、非常に大きいと思われます。

ここで伴侶動物の行動の自由を盲導犬のように制限したとしましょう。それは虐待に当たるでしょうか。伴侶動物には仕事がありません。他方、盲導犬には仕事があります――目の見えない人が外出するとき一緒に歩き、外出先では再出発の時間までおとなしく待つという仕事です[35]。この仕事部分のあるなしが、盲導犬と伴侶犬の主たる違いと思われます。一見したところ、この盲導犬の仕事は虐待には見えません。もちろん、目の見えない人が盲導犬を蹴ったりすれば、虐待です。しかし、そういう露骨な虐待はないものとします。むしろ、盲導犬は自発的に仕事をしているように見えます。

ある意味では、盲導犬の仕事が盲導犬の行動の自由をどれだけ制限するかは、仕事の多い少ないによると言えます。目の見えない人の中には、毎日長時間外出する人もいれば、稀にしか外出しない人もいるでしょうから。ですから一方の極には、実働時間が多いほど自由時間は少なくなり、実働時間が少ないほど自由時間は多くなります。ですから一方の極には、実働時間が非常に少なく、伴侶犬とあまり変わらない自由時間を享受している盲導犬もいるかもしれません。けれども、そういう次元とは別に、盲導犬って偉いなと思わせるところがあります。それは、盲導犬として働けるというところです。盲導犬は、人間の言うことをよく聞いて、飼い主に忠実に仕えてくれます。なかなか他の犬に、真似できるものではありません。その意味で盲導犬は、選びぬかれた優秀犬です。実際に、盲導犬になるのは難しいものがあります。盲導犬候補の中で、訓練を受け、試験に合格して盲導犬になれるのは、三～四割だそうです[36]。ですから、盲導犬は、たいへんな才能を開花させたと言えるでしょう。

しかし、その才能は、犬にとって自然な才能でしょうか。皆さんは、「適応的選好」という言葉を聞いたことがあるでしょうか。難しい言葉でごめんなさいね。「適応的選好」という言葉を知らなくても、何も恥ずかしいことはありません。私にもよく分からないような言葉です。でも、適応的選好がどういうことかを簡単に言えば、こういうことです。何をしたいと思うか、何をしたいと思わないかという心の習慣が、与えられた環境に適応して形成されるというのです。例えば昔の話ですけれども、多くの女の子は学校に行きたいと思いませんでした。もし学校に行きたいと思ったとしても、その欲求は満たされませんでした。ですから、そういう欲求不満に陥らないように、あらかじめ、学校に行きたいという欲求をもたないようにするのです。そのとき、「本人たちが望んでいないのだから女子に学校教育は不要だ」と言えるでしょうか。女の子は家事や家業を手伝わされて、それで満足しているかもしれません。ひょっとしたら自分たちの仕事に喜びを見出し、誇りを感じているかもしれません。でも、やっぱり学校教育は必要ですよね。必要だと私は思います。こういう適応的選好は、多くの場合、誰か他人によって強いられたものです。昔の女の子の適応的選好は、男性が女性を支配するという社会構造に適応したもので、その社会構造で優位に立つ男性によって強いられたものだと言えます。

　では、盲導犬の場合はどうでしょうか。盲導犬は人間に従順で、目の見えない人に忠実に仕えてくれます。進んでそうしているように見えます。犬の気持ちは犬に聞いてみないと分かりませんけれども、盲導犬は人間に褒められて喜んでいるように見えます。喜んでいるように見えるのですから、おそらく喜んでいるのでしょう。でも、そういう心の習慣って、犬の本性でしょうか。むしろ、品種改良や訓練を通して人間から強いられたものではないか、という疑念を禁じえません。もちろん、盲導犬が何か悪いことをしているというのではありません。目の見えない人が盲導犬をいじめているというのでもありません。それでも、人間は自分の都合の良いように犬の可能性を利用しているように思われるのです。というのは、犬にとって盲導犬になるのは、自然な成長ではないだろう、犬は盲導犬になるために生まれてきたわけではないだろうと思われるからです。もちろん、人間の側からすれば、盲導犬にするために犬を繁殖させるわけですけれども。でも、それは人間の勝手な都合でしょう。私のこの疑念について、皆さんはどう思いますか。

❖盲導犬の役割は人が担うべき

少し冷静に考えてみれば、盲導犬は使役動物なのですから、働いて当然ではないでしょうか。しかし、動物権利論の立場からすると、動物を使役することがそもそも権利侵害です。この権利侵害を補償して余りあるほどの便益を、使役動物は得るのでしょうか。使役動物が十分な便益を得るかどうかは、便益と同時に、使役の程度にもよるでしょう。盲導犬の場合、その仕事は重労働とは思われません――盲導犬は自発的に働くように見えますから。その意味で、盲導犬の利用は、競争馬や役用牛の利用よりも道徳的に正当化される可能性が高そうです。盲導犬を見て、直ちに「かわいそう」と感じる人は多くないでしょう。けれども、犬が何をしたいと思い、何をしたいと思わないかを人間が自分の都合のよいように誘導し形成している――このことがより深刻な搾取であり権利侵害ではないでしょうか。

私がこういう疑問を述べると、皆さんの中にはきっと「変な人。犬のほうが、目の見えない人よりも大事なんだろうか」と感じる人がいるでしょう。でも、そうではありません。目の見えない人の権利も犬の権利も、どちらも大事で、どちらも尊重する必要があります。すると、「何を言ってるんだ、この人は。盲導犬がいなかったら、目の見えない人が困るだろう」という反応が聞こえてきそうです。たしかに、その通りです。盲導犬は、目の見えない人にとって大変役に立っています。ですから、盲導犬がいなくなったら、目の見えない人は困るでしょう。でも、よく考えてみてください。目の見えない人が困らないように支援する義務は、誰が負うのでしょうか。私たちです。犬ではありません。

少し視点を変えて、障害者福祉について考えてみましょう。障害のある人は、障害のゆえに差別されるべきでありません。ですから、障害のある人が、地域社会で普通に生活するのを障害のゆえに阻まれるのではなくて、できるだけ普通に生活できるように支援する必要があります。もちろん、障害は一人ひとり違うので、必要な支援も一人ひとり違います。例えば身体障害のある人が外出するときには、移動支援が提供されます――誰かに車椅子を押してもらうわけです。これは基本的に、善意の人が、無償で行う奉仕ではありません。もちろん、善意の人が無償で介助をしてもよいのですけれども、それでは、障害のある人が他人の善意に依存することになってしまいます。それが常態であれば、障害のある人が自立できません。介助する人と障害のある人との関係は、善意の人と善意の受け手という関係ではなくて、介助労働の提供者と利用者という関係です。ですから、介助する人にとって、介助は収入を得るための労働です。こう言ってしまうと、障害のある人と介助する人との関係が何か殺伐とした金銭関係になってしまうと思われるかもしれません。しかし、そうではありません。介助する人も無償で働くのではなくて自分のためにも働くのであってはじめて、障害のある人は介助する人と対等の立場になって、自由に介助支援を利用できるのです。目の見えない人が外出する場合には、「同行援護」という支援が提供されます。[37] つまり、資格をもった人が目の見えない人に同行して適切な支援を提供するのです。

昔は、こういう障害者支援がありませんでした。そういう状況で、犬が動員されたわけです。しかし今、目の見えない人が自由に外出できるよう支援する義務を障害のない人が果たすならば、犬を使役しなくてもよいのではないでしょうか。[38]

5　まとめ

この章で私は、主に次の四つのことを主張しました。

一、動物園や水族館は、基本的に廃止するべきです。特に外国の動物は本来の生息地に帰してあげるべきです。

二、競馬も動物への重大な虐待なので、廃止するべきです。

三、伴侶動物の飼育は、次の五つの条件を満たせば、道徳的に正当化されるかもしれません。

（1）伴侶動物に十分な行動の自由を保障する。

（2）伴侶動物の飼育を免許制にする。

（3）動物虐待監視員制度によって動物の虐待を防止する。

（4）飼い主なき後の生活保障をする。

（5）繁殖供給の仕方を繁殖売りから注文犬猫に変える。

四、盲導犬も動物虐待に当たるので、廃止するべきです。目の見えない人への支援は人間が負う義務であって、それを犬に肩代わりさせるべきでありません。

どうでしょうか。だいたいにおいて、止めようという否定的な主張になってしまいました。ただし、伴侶動物についてだけは、伴侶動物の飼育が道徳的に許される条件を提示しました。皆さんは、私の考えをもっともだと思いますか。もっと良い案があるかどうか、ぜひ考えてみてください。

（1）種に応じた本性的な行動については、第2章第2節、四〇頁を参照。

（2）イルカも海で餌をとるのは「労働」と言ってよいかもしれません。しかし、それは強制された労働ではありません。

（3）絶滅危惧種の保護繁殖に取り組んでいるトキ保護センターやコウノトリの郷公園は、例外になるかもしれません。しかし残念ながら、トキ保護センターやコウノトリの郷公園は、動物園ではありません。

（4）受精卵や精子・卵子の段階でもってくればよいでしょうか。しかし、その場合には、子が親から引き離されるという問題、そして誰が育てるのかという問題が生じます。

（5）正確に言えば、国内であっても、拉致、誘拐、強制移住は不当です。しかしながら、移動が、動物が自分で移動する程度のものであれば、動物が被る被害は最小限かもしれません。

（6）後で述べる第4章第1節の区分では「自然側の緩衝地域」になります。

（7）数少ない例外は、青木玲「競走馬と日本人」です。

（8）細かく言うと、市や事務組合のこともあります。

（9）農林水産省「平成三〇年度馬関係資料」、一一頁。

（10）同書、七頁。

（11）この軽種馬も正確に言うと、サラブレッド系軽種馬です。

（12）農林水産省「平成三〇年度馬関係資料」、五頁。

（13）正確に言うと、年によって生まれた頭数が違うので、これはごく単純な比較です。

（14）日本軽種馬協会「ＪＢＩＳサーチ」によります。二〇二〇年三月三十一日に調べた数字です。

（15）ジャパン・スタッドブック・インターナショナル「統計データベース」によります。この数字は、登録頭数から輸入頭数を引いたものです。

（16）経由地としては乗馬クラブの他に、肥育会社もあります。
（17）ペットフード協会「令和元年全国犬猫飼育実態調査」によります。
（18）犬や猫が外来種である場合には、外来種の問題も生じます。それについては第4章第3節で述べます。
（19）一つの理由は、現在日本の家庭で飼われている犬や猫は野生動物種ではなくて、品種改良の産物だからです。他方、イリオモテヤマネコは野生動物種です。また野生動物種以外で現に野生で生きている犬や猫は、野犬や野猫、または野良犬や野良猫と呼ばれます。
（20）このような考え方としては、*Zamir, Ethics and the Beast*, pp. 92-3, 97-8が参考になります。
（21）第2章第1節の注（2）でも述べたように、環境省の飼養基準では、犬の放し飼いは原則禁止されていて、猫は「屋内飼育に努めること」とされています。
（22）類似の制度として日本には、駐車監視員という制度があります。ただし、動物虐待監視員制度は、駐車監視員よりも一歩踏み込んだ、権限の大きい制度として考えています。類似の構想としては、杉本彩のアニマルポリスも参照（『動物たちの悲鳴が聞こえる』、五六〜六三頁）。
（23）現在でも都道府県知事はその職員に、動物取扱業者の施設への立ち入り検査はさせることができます（「動物の愛護及び管理に関する法律」第二十四条）。ただしこれは、動物取扱業の登録に関わるもので、犯罪捜査を目的としたものではありません。
（24）専門用語で申し訳ありません。単なる告訴・告発ではありません。警察や検察に告訴・告発することは現在でもできます。検察に代わって、裁判所に起訴するのです。
（25）伴侶動物のための信託は、現在でも利用できます。
（26）この引き取り責任主体は、法律上、都道府県等の自治体です。都道府県等のどの部署かというと、保健所や動物愛護センターなどです。
（27）犬猫の引き取り数は、環境省「犬・猫の引き取り及び負傷動物等の収容並びに処分の状況」によります。

(28) ここの飼い主には、元の飼い主と新たな飼い主と両方の場合があります。行政の用語では、返還と譲渡です。

(29) 引き取り屋について詳しくは、太田匡彦の「「引き取り屋」という闇」と「「犬の引き取り屋」で生き、死んでいく犬たち」を参照してください。

(30) これらの流通数は、太田匡彦「犬猫二万匹、流通過程で死ぬ　国内流通で初の実数判明」および「犬猫、流通中に年二・六万匹死ぬ　ペットショップ・業者」によります。

(31) ここでは、繁殖の問題について述べてきました。ですから、繁殖売りから注文犬猫へということを言いました。けれども、犬や猫を飼いたいという人は、赤ちゃん犬猫を注文するよりも前に、すでにいる犬や猫、住宅の用語に倣って言えば「空き犬猫」を飼うことを考えるべきでしょう。こうした犬猫の里親募集は現在でも行われています。

(32) ただし、野生で死ぬよりも酷いような飼育、例えば拷問のような飼育は正当化されないでしょう。

(33) 犬以外の介助動物はいるのでしょうか。理論的には犬以外の介助動物もありえそうですけれども、実際にはいないようです。

(34) 厚生労働省「身体障害者補助犬実働頭数（都道府県別）」によります。

(35) この点で盲導犬は他の使役動物と共通性があります。他の使役動物とは例えば馬車馬や役用牛――田畑を耕してくれる牛――です。使役動物を使役することが道徳的に許されるかを考えるにあたっては、労働がどれだけ重労働か軽労働か、労働時間が長いか短いか、労働時間外にどれだけ自由でいられるかなどが重要になってくると思います。使役動物の中で、競争馬についてはすでに批判したところです。

(36) 日本盲導犬協会「盲導犬の一生」によります。

(37) 視覚障害者への移動支援は、二〇〇三年に始まり、二〇一一年に現在の同行援護になりました。

(38) もう一つ、犬を使役しないで、目の見えない人が外出する権利を保障する方法として、盲導犬ロボットの開発も考えられています。もっとも、「盲導犬ロボット」といっても、ロボットが犬の形をしているわけではありません。箱の形をしていたり、白杖の形をしていたりするようです。これはまだ開発途上ですけれども、近い将来に実現するかもしれません。

第4章　動物権利論と飼育されていない動物の問題

1　野生動物についてどう考えるか

第2章第1節で私は、人間に囚われた動物を解放すべきだと述べました。それが動物解放論でした。では、動物を解放したら、どうなるでしょうか。解放された動物は野生動物になります。ここで二つの問題が生じます。第一に、解放された動物は野生動物として自力で生きていけるのか。第二に、解放された多数の動物が生きていけるだけの広い土地があるのか。まず、この二つの問題について考えましょう。

❖解放された動物は自力で生きていけるのか？

第一に、解放された動物は野生動物として自分で生きていけるのでしょうか。生きていける動物もいるでしょうし、生きていけない動物もいるでしょう。野生で生きていける動物はそれでいいでしょう。生きていけない動物はどうなるでしょうか。野生で生きていく能力がないので、死ぬことになります。ところが、死ぬと分かっているのに動物を野生に放置することは、無責任でしょう[1]。それはそれで動物を傷つけることになります。では、どうしたらよいでしょうか。どうして、解放された動物が野生で生きていけないのでしょうか。例えば、解放された動物は野生で餌の捕り方を知らないのかもしれません。そこで第一に考えられることは、動物に野生復帰訓練を施すことです。訓練内容は、餌の捕り方に限らないかもしれません。一般的に野生で生きていく術を教える必要があります。本来ならば、そうしたことを野生動物は子供のときに親から教えてもらったりするものです。そうした教育訓練を人間が奪っていたのです。人間が奪っていたから、その剥奪に対する補償を人間がしなければならないのです。

このような野生復帰訓練は成功するかもしれませんし、成功しないかもしれません。成功すれば、それでよいでしょう。しかし、成功しないかもしれません。例えば人間による品種改良の結果、動物はもはや野生ではまったく生きていくことができないような身体になっているかもしれません。そのような場合、動物は野生に復帰できないのですから、人間には動物を終生飼養する責任があります。その理由は、二通りに考えることができます。まず、もともと野生にいた動物を野生に帰れなくしたのは人間だからだと考えることができます。また、野生で生きていけない動物を誕生させたのは人間だからだと考えることもできます。ですから、今生きていて野生に復帰できない動物は、人間が終生飼養する責任があります。この場合、人間はもはやこれ以上、野生で生きていけない動物を繁殖させるべきでないでしょう。そうすると、今生きている動物がすべて寿命で亡くなったとき、人間によって囚われた動物はいなくなります。

❖解放された動物が生きていく土地はあるのか?

第二の問題に移りましょう。第二の問題は、解放された多数の動物が生きていけるだけの広い土地があるのか、ということです[2]。一応ここでは、話を日本国内に限定して考えます。現在、日本では非常に多くの動物が人間によって囚われています。鶏が一番多く、肉用鶏と採卵鶏を足して、なんと三億二三〇〇万羽もいます[3]。次に多いのが猫で、九七八万頭です[4]。三番目がハツカネズミで、九五三万匹です[5]。四番目が豚で、九一五万頭です。五番目が犬で、八八〇万頭です。では、例えば三億二三〇〇万羽の鶏が、野生で生きていけるのでしょうか。それだけ広い土地が日本にあるのでしょうか。直ちには分かりません。豚で考えてみましょう。豚であれば、それと同種の猪が野生にいます。日本の本州以南にいるイノシシの個体数は、八八万頭と推定されています[6]。それに対して、野生に解放される豚の数は、九一五万頭です。これは、野生のイノシシの数の十一倍以上です。これだけ多くの豚が野生で生きていくのは非常に困難でしょう。日本はそれほど広くありません。というよりも、九一五万頭という豚の数があまりにも多すぎるのです。これはひとえに人間が豚を大々的に繁殖させた結果です[7]。言い換えると、人間は、豚を野生で生きていけないという苦境に陥れて、豚の生命権を侵害しています。ですから、人間は、この権利侵害に対して補償する必要があり、野生で生きていけない豚を人間は終生飼養する義務を負います。豚以外の他の動物――鶏や猫、ハツカネズミや犬など――についても、おそらく同じことが言えるでしょう。

　こういう次第なので、動物解放論とは言っても、野生に帰ることができる動物はそれほど多くなくて、非常に多くの動物は人間が終生飼養する必要があります。ですから、人間による動物の監禁はできれば直ちに止め、遅くとも現在世代を最後にしよう、というのが動物解放論の要点になります。

❖自然保護地区、開発区域、緩衝地域

　それでは次に、野生動物の問題に立ち向かいましょう。人間に監禁されていない限り、他の動物は自然の中で自由に生きます。それが野生動物です。野生動物には、三つの基本的動物権があります。基本的動物権は、すでに述べたように、消極的権利です。それに対応して、人間が野生動物に対して負う義務も消極的義務です。ですから、野生動物に対する人間のあるべき関係も、一言で言えば、余計なことをするな、干渉するな、ということになります。ということは、人間と野生動物のあるべき関係は、棲み分けということになります。[8] この棲み分けは、基本的には、場所、地域の三区分として考えることができます。[9] 第一に、野生動物が人間に干渉されないで暮らしていける地域です。これを「自然保護地区」と呼びましょう。第二に、人間が開発し暮らしていく地域、人間が基本的に野生動物に入ってきてほしくない地域です。これを「開発区域」と呼びましょう。具体的には、宅地（住宅地や商業地、工業地を含みます）と農地です。第三が、自然保護地区と開発区域の中間にあって、人間と野生動物が交錯しあう「緩衝地域」です。

緩衝地域は、さらに細かく二つに区分することができます。一つは、野生動物が主で、人間もいくらか立ち入ってよい地域です。例えば、人間が自然を荒らさない仕方で山歩きを楽しんだり山菜採りをしたりすることが許されるでしょう。これを「自然側の緩衝地域」と呼びましょう。もう一つは、人間による利用が主で、野生動物もいくらか立ち入ってよい地域です。人間による利用とは、例えば林業です。そこには野生動物に入ってきてもらっても構わないでしょう。これを「人間側の緩衝地域」と呼びましょう。これが、動物権利論から展望できる、野生動物との関係、あるべき棲み分けです。

❖動物種の絶滅

では、野生動物の問題とは何でしょうか。第一の問題は、野生動物の絶滅という問題です。人間が野生動物を殺さない、傷つけない、捕まえない、としましょう[10]。このように人間が野生動物を直接に殺さなかったとしても、野生動物が間接的に死に追いやられる場合があります。それは、人間が自然を開発することで、野生動物の生息域を狭めてしまう場合です。生息域が狭められた結果、野生動物は十分な食料が得られず、死んでいき、ついには絶滅する可能性さえあります。現実に私たちは、過去一五〇〇年ほどの間に、大いに自然を開発し、野生動物の生息域を狭めてきました。例えば、日本の土地利用を一八五〇年頃と一九八五年頃とで比較した調査によると、都市的利用と農業的利用の割合が一七％から二七％に増え、反対に森林その他の割合が八三％から七三％に減っています[11]。これの背景にあるのは、人口の増大です。日本の人口は、明治維新の一八六八年に三三三〇万人でした[12]。それが二〇〇八年には一億二八〇八万人になりました。[13] つまり、この間に日本の人口は三・八倍以上になっています。

これだけ人口が増えれば、野生動物の生息環境を圧迫したとしても不思議ではありません。結果的に、日本ですでに絶滅した動物が四八種あり、絶滅危惧種に指定されている動物が一四一〇種あります。なかでもツシマヤマネコとイリオモテヤマネコが絶滅危惧種としてよく知られています。またホンドザルやニホンリス、エゾヒグマやツキノワグマ、カモシカなども特定の地域では「絶滅のおそれのある地域個体群」に指定されています。[14] これ以上に野生動物を殺さないためには、野生動物の生息環境を積極的に保護する必要があるでしょう。これまで野生動物の生息域を狭めてきたことを考えれば、土地を自然（野生動物）に返すことも必要と思われます。たしかに、基本的動物権は消極的権利であり、それに対応して人間が負う義務も消極的義務です。しかしながら、すでに基本的動物権が侵害されていて、その不正な現状を正しい原状に戻すためには、積極的な施策が要求されます。

このような生態系への配慮は、説得的と思われるでしょう。生態系の破壊は、たいていの場合、人間にとって有害な形で跳ね返ってくるからです。たとえ人間にとって目に見えて有害な形で跳ね返ってこない場合でも、生態系の破壊は、少なくとも美的価値を損なうでしょう。美しく豊かな自然は、私たちにとって大きな財産と思われます。ただし、このような生態系の保護は、動物権利論と同じではありません。動物権利論は、個々の動物に基本的権利があると主張します。個々の動物が権利の主体です。動物種に権利があるのでも生態系に権利があるのでもありません。動物種、例えばツシマヤマネコという種は権利の主体でありません。生態系も権利の主体ではありません。種としての動物や生態系は、感覚器官を備えていませんし、何も快苦を感じないからです。仮に動物種や生態系が何かを感じると比喩的に言うとすれば、それは現に生きている動物個体が何かを感じるからです。ですから動物権利論によれば、動物種に特別な価値があるわけでも、生態系それ自体に特別な価値があるわけでもありません。あくまでも、生態系を保護する理由は、現に生きている動物を間接的に殺さないためです。現に生きている動物が窮状に陥っているから、その動物を殺さないために、良好な生息環境を回復しなければならないのです。

ここのところは、ややこしいですね。生態系への配慮に関して三つの立場を区別しておきましょう。動物権利論は、現に生きている動物を殺さないために生態系を傷つけてはいけない、生態系を回復しなければならない、と主張します。それに対して、生態系の破壊は人間にとって有害であり、良好な生態系は人間にとって財産だから生態系に配慮しなければならない、と主張するのが、人間中心的環境主義の立場です[15]。最後に、生態系それ自体に人間的観点とは独立の価値があるので、生態系に配慮しなければならない、と主張するのが、人間中心的でない環境主義の立場です[16]。これら三つの立場はすべて、生態系への配慮を主張するので、同じようなものに見えます。しかし、生態系に配慮する理由が少しずつ違うわけです。どうでもいいじゃないか、と思われるかもしれません。でも一応、考えてみてください。皆さんは、どの立場が説得的だと思いますか。私は、人間中心的でない環境主義は説得的でないと思います。生態系に配慮する理由が人間のためでも他の動物のためでもないとしたら、何のためなのかよく分からないからです。他方、動物権利論と人間中心的環境主義はどちらも説得的だと思います。人間の利益も他の動物の利益も重要な価値だからです。そして人間の利益と他の動物の利益が衝突しないで同じ施策を要求するとき、私たちは両方の利益を同時に尊重することができます。

ただし、ここで注意しておくべき点が二つあります。まず、人間の利益が他の人間の利益と衝突することがあります。例えば、美しい自然を楽しむという利益（利害関心）と自然を開発して金儲けをするという利益（利害関心）が衝突することがありうるでしょう。次に、人間の利益と他の動物の利益は、性格が違います。人間の利益は、美しい自然を享受することであろうと自然を開発して金儲けをすることであろうと、欲求といった性格のものです。つまり、美しい自然を享受することでも自然を開発して金儲けをすることでも、望ましいことではあるでしょうけれども、直ちに人間の生存に関わるわけではありません。その意味でそれほど重要というわけではないと思われます。他方、死に追いやられないことは、他の動物の基本的権利です。基本的権利なので、不可侵と言ってもよいでしょうし、「切り札」という言い方がされることもあります。ですから、たしかに人間中心的環境主義も動物権利論も、生態系への配慮を主張します。けれども、より重要なのは、動物を死に追いやらないためにということであるべきです。それに比べれば、人間中心的環境主義は、この動物権利論の主張と整合的でよかったね、というふうに理解すべきだと思います[17]。

❖鹿や猪は増えたのか

野生動物に関して第二の問題は、鳥獣害の問題です。鳥獣害の問題は、次のように述べられます。

一九七〇年以降、野生鳥獣たちが徐々に増え、やがて一九九〇年代の後半から急速に膨れ上がっていった（……）このように増えた野生鳥獣が、村にも町にも姿を現わし、人身被害や農林業への被害が起こっている。[18]

ここで言われているように、人的被害や林業被害もありますけれども、主として問題とされるのは農業被害です。ですから農業被害について、具体的に見てみましょう。日本で二〇一八年度に、野生鳥獣による農作物被害金額は、一五八億円でした。主な害獣は鹿と猪です。鹿による被害額は、五四億円で、猪による被害額が四七億円です。これら二つで一〇一億円になり、全体の六四％を占めます。[19]ですから、話を簡単にするために、ここでは鹿と猪に焦点を絞ります。そうすると、右で引用した文の論点は、二つにまとめることができます。第一に、鹿と猪の数が増えたということです。第二に、鹿や猪による農業被害が起こっているということです。これら二つの論点のそれぞれについて考えてみましょう。

第一に、鹿と猪が増えたということ、これは本当でしょうか。鹿の個体数は一九八九年には三一万頭と推定されていました。それが二〇一五年には二八九万頭と推定されています。猪の個体数は一九八九年には二五万頭と推定されていました。それが二〇一一年には一一四万頭と推定されています。[20]つまり、その間に鹿は九倍以上に、猪は四倍以上に増えています。ということはたしかに一九八九年と二〇一〇年代とを比べると、鹿の数も猪の数も大いに増えています。では、このように鹿や猪が増えるのは、いったい良いことなのでしょうか、悪いことなのでしょうか。鹿や猪が増えたことに、どういう意味があるのでしょうか。そもそも「増えた」というのは、ある時点の数と別の時点の数を比べての話です。ですから、どの時点を比べるかによって、増えたか減ったかが変わってきます。たしかに、今の鹿や猪の数は一九八九年と比べたら増えています。しかし、その前はどうだったのでしょうか。もともと日本にはどのくらいの鹿や猪がいたのでしょうか。実は揚妻《あげつま》という人が明治初年頃の北海道にどのくらいの鹿（エゾシカ）がいたのかを推定しています。それによると、約五〇～七〇万頭だそうです。これは近年の推定生息数と同じくらいだそうです。(21) 要するに、近年の急増はそれに先立つ激減と組み合わせて理解する必要があるということです。(22) このことは北海道に限りません。本州以南の鹿や猪についても言えることです。つまり、一九六〇～一九七〇年代には鹿や猪などが非常に少なくなっていました。けれども、それよりもっと前には、たくさんの野生動物がいたわけです。

昔の野生動物の正確な個体数を知るのは難しいですけれども、人々の生活感覚として非常にたくさんの野生動物が身近にいたことが報告されています。二つだけ引いておきましょう。

　私の故郷である兵庫県篠山町は、（……）よく整ったこじんまりした城下町である。（……）昭和一桁の私の子どもの頃は、町中にいろんな動物がいっぱいいた。（……）キツネが住んでいた。（……）タヌキがいた。（……）昭和一桁の時代は、篠山周辺にはカモシカなど生息地が限定される動物以外は、西日本にいる哺乳類のほとんどの種が生息していたといってよい。当然、鳥類、爬虫類、両生類、さまざまな虫たちも同様で、町の中でさえその多くが普通に見られた。(23)

さらに明治初年にまで遡れば、引用の引用になりますけれども、こうです。

幕末から明治初年に〔日本を〕訪れた欧米人は、野生動物の豊かさと日本人の動物に対するやさしい態度に感嘆するとともに、不可思議さを表明している。例えば、明治六（一八七三）年北海道開拓使として招かれたエドウィン・ダン。（……）最初に日本を訪れたときのこと、「芝、上野、東京中の草むらに雉がおり、英国大使館前の濠（皇居の濠）にはガンやカモなど水鳥が真黒になるほどいた。雄狐の鳴き声がしきりにし、狸もいる。朝、食堂のテーブルの上に雄狐がおり、バター皿の中身を食べていた」と記し、東京中で野生の鳥獣が人と共存している状況に感嘆している。(24)

昭和一桁の田舎町、明治初年の東京市中でも、このように野生動物が身近にいたわけです。日本には、それほどたくさんの野生動物がいたのでしょう。

そうだとすれば、近年鹿や猪が増えているのが事実だとしても、それは異常なことではなくて、激減していた状態から個体数を回復していると評価すべきなのです。(25)

❖農作物の被害をどのように抑えるか

では次に、鹿や猪による農業被害が起こっているということについて考えて見ましょう。鹿や猪による農業被害が起こっているということ、これは事実です。では、どうしたらよいのでしょうか。それが問題です。一つの考え方は、悪さをする鹿や猪はいなくなればいい、というものです。これは要するに、殺してしまえということで、駆除という思想です。この考え方は、十九世紀の後半から二十世紀の半ば頃まで優勢であったようです。たしかに、鹿がいなくなれば、鹿による害もなくなるでしょう。猪がいなくなれば、猪による害もなくなるでしょう。しかし、このようなやり方は動物を（少なくとも地域個体群として）絶滅させるということで、生態系に思わぬ影響を及ぼすでしょう。そういう次第なので、このやり方は現在では評判がよくありません。現在の考え方は個体数管理というものです。つまり、鹿や猪を、絶滅させるのではないけれども、多くなりすぎないように、適切な個体数で維持しよう、ということです。そのための具体的な方策は、捕獲（殺処分）です。しかし、鹿や猪を殺すことは、鹿や猪に対する権利侵害です。ですから、鹿や猪を殺すべきでありません。

　では、もう一度、問いましょう――どうしたらよいのでしょうか。農作物の被害が起こらないようにするための基本方策は、農作物を守ることです。例えば、防護柵によって鹿や猪が農地に入れないようにするのです。これで、鹿と猪は基本的に防ぐことができます。こうすれば、人間の利益を守ることと鹿や猪の基本権を守ることが両立します。「防護柵の設置に、費用がかかるじゃないか」と言われるかもしれません。しかし、防護柵の設置および維持のための費用が設置による被害削減額よりも小さければ、経済的に有効であって、問題ありません。でも、野生動物による被害にあっている農家は、そうした被害にあっていない農家と比べて競争上、不利になるかもしれません。その場合には、不利な競争をするよりも、野生動物に食べられない作物に転換することが適切かもしれません。

　さらに、防護柵を設置しても、野生動物による被害を完全には防げないかもしれません。その場合、どうしたらよいのでしょうか。どうしようもありません。むしろ、どう考えたらよいのか、発想の転換が必要です。被害を受ける農家の人の声を少し紹介しましょう。最初は、猿による被害ですけれども、こうです。

「今朝父さんとしゃべってあったの。サル来ないとさみしいなって。サル来れば活気づいていいんだって」

「サルも大変だぁ、ぼられて（追い払われて）。これども食わねば腹すくんだもの[26]」

もう一つ紹介します。

たとえ専門的な生態学の知識のない一般の人たちでも、いや一般の人たちだからこそ、害を及ぼすサルを「あれも土地のもんだから」とか、「シカやイノシシも生きていかなきゃならんから」などというのである[27]。

これは、被害を許容する態度を表しています。そうした心が、被害農家の人の中にあります――これは重要です。人間が生きていかなければならないように、「シカやイノシシも生きていかな」ければなりません。考えてもみてください。もともと、大地は人間だけのものではありません。人間が勝手に土地を占拠して利用しているにすぎません。先に棲み分けについて述べたとき、私は農地を、野生動物に入ってきてほしくない開発区域に入れました。とはいえ、開発区域と緩衝地帯との境界線近くにある農地、山に隣接する農地は、緩衝地帯に準じる、ないし緩衝地帯に属すると考えたほうが現実的かもしれません。そうすれば、なにがなんでも野生動物を排除しなければならないという思い込みから解放されるでしょう。つまり、だいたいにおいて人間が土地を利用し、防護柵によって農作物をだいたい守るけれども、それでも防ぎきれない被害については許容するということです。

もう一つ考えられるのは、鹿や猪が農地にやって来ないでもすむように、十分な生息地を保障することです。ただし、この方策には難点もあります。例えば自然保護地区で鹿や猪が十分な食べ物を得られるために、農地にやって来ないとしましょう。そうすると、鹿や猪は増えます。鹿や猪が増えると、自然保護地区の食糧事情が悪くなります。そうすると、鹿や猪は農地にも進出してこようとするでしょう。言い換えると、今現在、鹿や猪が個体数を回復しているだけであって増えすぎていないとしても、鹿や猪は増えていくので、やがて多すぎるという事態になるでしょう。それでも農地はしっかり防護柵で守るとしましょう。その場合、どうなるでしょうか。自然保護地区、具体的には森林が、増えすぎた鹿や猪――特に鹿――によって荒らされることになります。林業の被害や生態系の破壊という問題です。この問題の根本的な原因は、鹿や猪の繁殖力の高さにあります。林業の被害や生態系の破壊を避けようとすれば、どうしても鹿や猪が増えすぎないようにする必要があります。

どうすればよいのでしょうか。二つ考えられます。一つは、狼を再導入することです[28]。日本では、狼は人間が二十世紀初頭に絶滅させました。しかし、その前には、日本にも狼がいました。狼と鹿や猪とは、捕食動物と被食動物の関係にあります。ですから狼と鹿や猪とは、増えすぎないよう減りすぎないよう調整しあう関係があります。鹿や猪が増えると狼が増え、狼が増えると鹿や猪が減る、鹿や猪が減ると狼が減り、狼が減ると鹿や猪が増えるというような関係です。人間が狼を絶滅させる以前には、狼と鹿や猪とはそのような仕方で均衡を保っていたと考えられます。この案は、人間中心的でない環境主義の立場からは是認されるでしょう。もともとあった生態系を、人間が狼を絶滅させることによって破壊したので、その破壊された生態系を、人間が狼の再導入によってもともとあった生態系に戻すことだからです。しかし、この案は、動物権利論の立場からは難点があります。第一に、狼をどこかよそで捕まえて日本に連れてくる必要があります。これは、その狼の自由権の侵害になります。第二に、鹿や猪を殺すために狼を連れてくるということは、鹿や猪の生命権を積極的に侵害します。もう一つ考えられるのは、狼に代わって人間が鹿や猪を殺すことで、鹿や猪の個体数を抑制することです。これが現実に取られている対策です。しかし、この現行の対策が鹿や猪の基本権の侵害であることは、すでに述べた通りです。

では、どうしたらよいのでしょうか。動物権利論の立場からは、よい答えがありません。難しい問題です。それでも、考えてみましょう。鹿や猪を殺さないで、しかも鹿や猪が増えないようにする――そのためには、不妊化という方法が考えられます。よく犬や猫に不妊や去勢の措置を施しますよね。あの手のやり方です。たしかにこの方法でも野生動物は被害を被ります。強制的に不妊化されるからです。それでも、野生動物が被る被害は軽微だと言えるかもしれません。つまり、鹿や猪に被害を強いるけれども、そのことで鹿や猪の基本権と林業や生態系の利益とを調和させるのです。[29] この方法なら、皆さんも賛同してくださるのではないでしょうか。

❖捕食される動物を救うべきか？

野生動物に関して、第三の問題は捕食です。人間に基本的人権があるように動物にも基本的動物権がある、と私は主張します。そこで、山田さんが暴漢に襲われかけている、としましょう。私たちはどうすべきでしょうか。傍観しているべきでしょうか。私たちは、自分が山田さんを傷つけないという消極的義務を守っていれば、それでいいのでしょうか。それとも、山田さんを助けるべきでしょうか。きっと皆さんは、山田さんを助けるべきだと考えるでしょう。私たちが山田さんを助けなければ、山田さんの消極的権利が侵害されるからです。私も、そのように思います――私たちは山田さんを助けるべきでしょう。

では次に、ある野生動物、例えば鹿が、別の野生動物、例えば狼に襲われかけている、としましょう。私たちはどうすべきでしょうか。これは難しい問題です。この場合、狼は捕食動物であり、捕食動物が被食動物を食べることが「捕食」です。この捕食動物と被食動物の関係――鹿は被食動物であり、捕食/被食関係――は、鎖のようにつながり、このつながりが「食物連鎖」と呼ばれます。小さい動物が中くらいの動物に食べられ、中くらいの動物が大きな動物に食べられる、というような具合です。こうした捕食は自然界では実にありふれたことで、生態系は食物連鎖で成り立っていると言っても過言ではないでしょう。環境主義は、生態系の秩序を乱すな、と要求します。ところが動物権利論は、被食動物の生命権を守れ、と要求するように思われます。どうしたらいいのでしょうか。

被食動物、例えば鹿を狼の襲撃から救うとしましょう。そうすると、どうなるでしょうか。鹿は命拾いをするでしょう。しかし反対に、狼はお腹を空かすでしょう。鹿の生命権が決して侵されないように私たちが鹿を狼から守ったならば、狼は飢えて死ぬでしょう。それはそれで、私たちが狼を死に追いやることになり、狼の生命権を侵害するように思われます。つまり、こちらを立てればあちらが立たず、あちらを立てればこちらが立たず、というわけです。

一体どうしたらよいのでしょうか。動物権利論からの答えは、鹿を助ける方向でも狼を助ける方向でも介入するな、というものです。もし鹿が逃げるのを助けてあげれば、狼の生存努力を挫くことになります。反対に、もし狼が捕食するのを助けてあげれば、鹿の生存努力を挫くことになります。たとえ善意で一方を助けようとしても、他方の生存を妨害することになります。ですから、私たちは狼にも鹿にも加害することのないよう、何も介入すべきでないのです。

考えてもみてください。肉食動物の場合、被食動物を食べなければ、生存できません。肉食動物の生存と被食動物の生存が両立しない場合、残念なことですけれども、肉食動物が被食動物を食べるのも止むを得ないでしょう。もちろん、だからといって、被食動物は捕食動物に身を差し出さなければならない、というのではありません。被食動物は被食動物で、自分が生きるために、捕食動物から自由に逃げてよいのです。捕食動物も被食動物もいずれも、自分の生存を優先することが許されます。それが自然界の秩序と思われます。

誤解しないでくださいよ。皆さんは、「人間は食物連鎖の頂点に立つから、人間が動物を食べるのは自然の秩序だ」と思いますか。違います。第一に、人間は肉食動物ではありません。人間は動物を食べなくても生きていけます。第二に、人間には理性があるので、相手の立場に立って道徳的に考え、行動することができます。もちろん、人間は動物を食べて生きていくこともできます。しかし、人間は、食べられる動物の立場に立って考え、非利己的に、単に自分の利益だけではなくて動物の権利をも尊重するような仕方で行動することができます。これが人間の道徳性です。この点で、人間は単なる自然的存在ではなくて、道徳的存在であり、自然界の弱肉強食の論理の外に出ることができるのです。そうでなければ、人間は文字通り他の動物と一緒になってしまいます。

「でも、他の動物の権利はどこへ行ったのか」と思われるでしょうか。たしかに動物は、人間に対して基本的権利があります。それに対応して人間には、動物に対して基本的義務があります。この権利義務関係は、一方において傷つきうるという動物の本性と、他方において理性的・道徳的という人間の本性とに基づいています。ですから、人間以外の動物と人間以外の動物との間には、こうした権利義務関係がないと考えられます。つまり動物は、基本的動物権を人間に対してだけもち、人間に対してだけ、殺さないでくれ、傷つけないでくれ、自由を奪わないでくれ、と請求できるのです。道徳は人間の行為に関わるので、もし人間が存在しなかったならば、世界は純粋に自然的世界で、道徳的にどうのこうのということもないのでしょう。

まとめます。野生動物に介入するな、というのが、捕食の問題に関して動物権利論の答えです。それが原則です。しかし、捕食に関してではありませんけれども、野生動物に介入するなという原則には例外がありそうです。私たちが道を歩いていて、傷ついた動物に出会ったとしましょう。私たちは、どうすべきでしょうか。何もしなくてよいでしょうか。たしかに、何もしなくても、私たちはその動物の権利を侵害しません。つまり、その動物の基本的権利を尊重できます。しかし私たちは、その傷ついた動物に同情するでしょう。なんとか助けてあげたいと感じるでしょう。では、どうするでしょうか。例えば、その傷ついた動物を獣医さんのところに連れていき、治療してもらって、傷が治った後で野生に帰してあげるというようなことができるのではないでしょうか。こうした行為は、たしかに一時的には動物の行動の自由を奪いますけれども、全体としては動物を傷つけてはいない、むしろ動物の利益になることをしています。ですから、こうした行為は、たしかに野生動物に介入していますけれども、善意から行われる善行と言ってよいでしょう。つまり、してはいけないことではなくて、どちらかと言えば、しないよりもしたほうが好ましいこと、立派な人間の徳性を表すようなことです。

ただし、だからといって、立派な人間は、自然保護地域に入っていって、傷ついた動物を見つけ出して治療にあたるべきだ、というのではありません。野生動物には、そのような積極的介入を要求する権利がないからです。では、そのような善意の積極的介入はすべきでないのでしょうか。それとも、してもよいのでしょうか。動物権利論の立場からは、善意の積極的介入をすべきでないとは言えないように思われます。もし善意の積極的介入をすべきでないと言えるとしたら、それは、生態系を乱すなという環境主義の立場からになるでしょう。

2　境界動物というのもいる

❖奈良公園の鹿は「境界動物」

「境界動物」って何でしょう。これは、馴染みのない言葉だと思います[30]。第1節で野生動物について話したとき、私は、野生動物と人間の棲み分けということを言いました。棲み分けといっても現実的には、野生動物の住処である自然保護地区と人間の住処である開発区域の間に、もう一つ緩衝地域を考えました。その上でさらに、緩衝地域を自然側の緩衝地域と人間側の緩衝地域に分けました。境界動物というのは、人間の開発区域に入ってくる動物、入ってきてそこに定住する動物であり、しかも家畜ではない野生動物のことです[31]。典型的な例は、烏や鳩、ネズミやツバメです。野良猫や地域猫[32]も境界動物に入るでしょう。地域猫というのは、誰の飼い猫でもありません。その意味で家畜ではなく、野生動物です。けれども誰かが餌をやるので、その地域に住みついている猫です。他によく知られたところでは、奈良公園の鹿も境界動物だと言えます。

このように境界動物の第一の特徴は、家畜ではなくて野生動物だということです。第二の特徴は、人間の開発区域を生活の場としているということです。そこから第三の特徴は、人間社会の環境に適応しているということです。典型的な場合、境界動物は、人間生活に便乗し、人間生活のおこぼれに与り、ある意味で人間を利用しています。そこからさらに第四の特徴は、人間社会に依存しているということです。結果的に、境界動物が自然保護地区に移り住むことは直ちには不可能であるか困難です。この点で、境界動物は、人間の開発区域に一時的に迷い込んだり逗留していたりする野生動物から区別されます。

私たちは、通常、人間以外の動物を家畜か、そうでなければ野生動物として見る傾向があります。私もその線に沿って、人間開発区域と自然保護地区を分けました。そのとき野生動物に対する私たちの義務は、介入しないということでした。言い換えれば、野生動物に介入しなければ、私たちは開発区域の中で自由に生きることができると思いがちです。家畜がいない場合は、他の動物のことを一切考えないで自由に生きることができると、家畜動物がいる場合には、家畜動物のことを考えた後は他の動物のことを考えないで生きることができると思いがちです。そのように考えるとき、境界動物が私たちの視野に入っていません。私たちは、境界動物の存在を忘れているのです。しかし現実に、境界動物は人間の開発区域の中にいます。ですから、私たちが境界動物の存在を忘れていたのでは、境界動物の権利も無視することになります。

❖境界動物と人はどのように付き合うべきか

では、私たちは、境界動物をどうしたらよいのでしょうか。境界動物にどう対処したらよいのでしょうか。もはや言うまでもないことですけれども、境界動物にも基本的動物権があります。ですから私たちは、境界動物を殺してはいけません。傷つけてもいけません。捕まえたり監禁したりしてもいけません。ここまでは、野生動物の場合とも同じです。他の野生動物と違うのは、境界動物が人間の開発区域に定住していて、土地や空間などを人間と共有しているということです。ここで「共有している」というのは、必ずしも境界動物に土地や空間に対する所有権があるという意味ではありません。単に、人間が使用しているのと同じ土地・空間を境界動物も使用しているということです。同じ空間内にいるので、人間は境界動物に対して「介入しない」という態度を通すことができません。すでに現状が人間と境界動物の相互作用の結果であり、現状をどのように変えるにしても、それは境界動物の現在の生活への介入になります。ここが、境界動物と他の野生動物の大きな違いです。ですから、私たちが境界動物の存在を忘れていたのでは、知らないうちに容易に境界動物の権利を侵害することになってしまいます。その意味で、第一にすべきことは、境界動物の存在に気づき、境界動物の存在を認めることです。

たしかに、野生動物が人間の開発区域に一時的に迷い込んだのであれば、野生動物がその生息地に帰ることができるよう支援することができるでしょう。しかし、境界動物はすでに人間の開発区域に定住していて、自然保護地区に移ることは不可能であるか困難です。ですから、境界動物の存在は受け入れるしかありません。境界動物の存在を抹消するというような駆除政策、絶滅政策は間違いです。第1節で野生動物の話をしたとき、昭和一桁の時代や明治初年の時代にはいかに多くの野生動物が町中に生息していたかを見ました。それが人間と野生動物の共生の仕方であるのかもしれません。もちろん、人間が野生動物にどうしても入ってきてほしくない場所は、壁や扉や網などで囲い込んで守ることができるでしょう。それでもまだ多くの空間が、人間と野生動物とで共有できます。考えてみれば、人間の開発区域といえども自然の生態系の一部です。その自然生態系の中で、生態系を維持するために野生動物はさまざまなよい働きをしてくれています。

こうしたよい働きの分かりやすい例は、ツバメです。ツバメは農家の軒下に巣を作ります。こうしてツバメは人間の存在によって天敵から守られ、同時に虫を食べ、減らしてくれることで人間に恩恵をもたらしてくれます。これは、人間とツバメの共利共生の関係になっています。しかしながら、境界動物は、ツバメのような、人間にとって都合のよい例ばかりとは限りません。

人間には、人間の都合があります。ですから、境界動物の存在を人間が不都合と感じることもあるでしょう。また、一言で人間といっても、多様な人がいます。ですから、人間の間でも、しばしば意見の相違があります。ですから、境界動物の存在を受け入れて、境界動物の基本的権利を尊重するといっても、なかなか難しいものがあります。それでも、お互いの権利を尊重しながら折り合いをつけていくしかありません。それが、これからの共生の道だと思います。

❖地域猫の例で考える

ここでは、地域猫について少し考えてみましょう。まず、ひょっとしたら、地域猫はどの特定の個人の飼い猫でもないとはいえ、「地域で飼っている飼育動物ではないか。だから野生動物ではないので境界動物ではないだろう」と思われるかもしれません。もっともです。というのは、飼い主は特定の一個人である必要はなく、複数の人たちであってもよいでしょうし、その複数人の範囲が曖昧であってもよいでしょうから。実際に地域猫を世話している人が、地域猫を自分の飼い猫のようにかわいがっていることもあるでしょう。ですからこれは、単に言葉の定義の問題かもしれません。でも奈良公園の鹿は、一般に野生動物と認められています。奈良公園では、野生の鹿を保護しているわけです。同じように、地域猫活動も、地域にいる野生の猫（野良猫）の権利を尊重しながら、猫と共生しようとする試みだと言えます。地域猫には、完全に行動の自由があります。また地域猫は、放し飼いにされている犬や猫とも違い、飼い主の家に帰ってくるわけでもありません。ですから地域猫は実態として野生動物です。

そこで次に、地域猫とは何なのか、地域猫活動とは何なのかを説明する必要があるでしょう――まだ十分に説明していませんでした、ご免なさい。地域猫とは、まず野生の猫（野良猫）です。しかも、人間の開発区域（人間社会）の中に住みついています。ここで、野良猫をどうするかを考える必要が起こってきます。邪魔あるいは不快だから駆除してしまえ、ということになるでしょうか。しかし、駆除政策は、猫を殺すことであり、猫の基本的権利を侵害することになります。したがって、猫に基本的権利があり、私たちの社会の中に猫が住みついている以上、私たちは猫の基本的権利を尊重しながら、猫との共生の道を探っていくしかありません。そのような試みが地域猫活動であり、それを一言で言えば、地域に住みついている野生の猫を保護する活動です。

では地域猫活動とは具体的に何をするのでしょうか。まず地域住民の理解を得る活動があります。野生の猫はいったいどこからやって来るのでしょうか。野生の猫は、伴侶（愛護）動物が捨てられたもの、または捨てられた伴侶動物の子孫です。ですから、伴侶動物を遺棄することが犯罪であることを人々に理解してもらう必要があります。もちろんこれは、地域猫を増やさないためです。同時に、野生の動物を殺したり傷つけたりすることが犯罪であることも理解してもらう必要があります。これは、地域猫がそのような被害にあわないようにするためです。こうした理解を得るためには、おそらく一方的な情報発信だけでは十分でないでしょう。地域住民の中にはさまざまな人がいるでしょう。猫のことが嫌な人もいれば、不適切な仕方で猫の世話をする人もいるでしょう。ですから、お互いに相手の気持ちを思いやって一緒に生きていく道を探るような、そういう話し合いが重要と思われます。そういう話し合いが成功すれば、住民同士が仲良しにもなれるでしょう。

次に中心的な活動は、猫を増やさないための不妊や去勢の処置です。猫は非常に繁殖力が高いので、放っておくと猫は非常な数に増えます。たとえ猫の数が増えたとしても、その地域で猫の餌となるものは増えないでしょうから、結局、生まれただけ多くの猫が悲惨な死をとげることになります。その過程で、生まれた猫は死ぬまでの間、迷惑を被る住民に嫌われることにもなります。そういう不幸を招かないために、猫に不妊や去勢の処置をするのです。この処置や活動は英語でTrap（捕まえて）、Neuter（不妊・去勢して）、Return（戻す）というので、三つの英単語の頭文字をとってTNRとも呼ばれます[33]。不妊や去勢の処置は手術なので、獣医の人にやってもらいます。当然、お金がかかります。これには金銭的に支援してくれる自治体もあれば、助成してくれる団体もあります。自治体としては、猫を殺処分するよりは一代限りの生を保証してあげようという姿勢のようです。

その次に中心的な活動は、餌やりと糞尿の管理です。まず餌は一定の場所で一定の時間に必要な分量だけ与えるようにします。少なすぎると猫が困りますし、多すぎると食べ残すことになります。また餌は放置するのではなくして、猫が食べ終わった後で餌用の皿を片付け、餌場を掃除します。このように猫を集めることで猫に生活の糧を保証するとともに、猫の実態把握や管理も容易になります。

次に糞尿対策として、餌場の比較的近くに猫用トイレを用意します。これは、猫があちらこちらで、例えば人の家の庭でオシッコやウンチをして人に迷惑がられることがないようにです。もちろん、トイレを設置するだけではなくて、猫が糞をしたら、その糞を片付けることも必要です。このようにする必要があるのは、猫の擁護者として猫を保護するためには、猫が他の人に迷惑をかけないようにすることも必要だからです。

最後にもう一つ、これはあまり注意されないことですけれども、猫が交通事故に遭わないよう注意を喚起する広報活動も重要だろうと思います。奈良公園の辺りに行くと、鹿飛び出し注意の交通標識がありますよね。ああいう標識などによって、車を運転する人に、鹿が飛び出すかもしれないから、そのことを念頭において慎重に運転するよう呼びかけているわけです。地域に猫が住んでいるなら、同じような注意喚起が必要ではないでしょうか。猫飛び出し注意の標識や看板などです。そうすることで猫の交通事故を減らすことができれば、猫の殺されない権利や傷つけられない権利を守ることもできます。これには副次的な便益もあります。自動車を運転する人が猫に注意して慎重に車を運転すれば、その地域は、そこに住む幼児や子供にとってもより安全になります。猫が飛び出す可能性があるように、幼児や子供も突然、予期しない動きをすることがあるからです。言ってみれば、猫にとって安全な地域社会は、幼児や子供にとっても安全なわけです。

以上のような取り組みは、個人で行うのは難しいので、みんなで集まって、組織的に取り組む必要があります。実際に多くの地域に、地域猫活動をしている団体があります。皆さんの住んでいるところでも、そういう活動が行われているでしょうか。それとも野良猫はいないでしょうか。一度よく調べてみてください。

3　外来種の問題は難しい

❖「外来種」の実態

皆さんは、「外来種」と聞いたとき、どのように思われますか。「外来種」というと、何か悪いもののような印象がありますよね。どうしてでしょう。人間の場合で考えてみましょう。私たち人間は、外国に行くことも外国人と結婚することもできます。行動の自由には、移動の自由も結婚の自由も含まれるからです。そもそも、人間以外の動物に国境などありません。ですから勝手に自由に移動します。渡り鳥は、非常に長い距離を移動し、さまざまな国で暮らします。白鳥やツバメが有名ですね。シギやチドリなどはシベリアやアラスカから、日本や韓国や中国、東南アジアの諸国を経て、なんとオーストラリアやニュージーランドまでも移動するのだそうです。もちろん、こうした鳥は外来種と呼ばれません。ユーラシア大陸は、アフリカ大陸とつながっていて、非常に大きな陸地です。この広大な陸地を陸上動物は自由に移動します。それでも、外来種と呼ばれません。

では、外来種って、いったい何でしょうか――言い換えると、外来種の定義は何でしょうか。環境省のホームページでは、外来種は「導入によりその自然分布域の外に生育または生息する生物種」と定義されています[34]。世界自然保護連合ジャパンでは、外来種を「もともとその地域にいなかったのに、人間の活動によって意図的・非意図的に持ち込まれた生きもの」と説明しています[35]。まず、これらの定義によると、外来種には動物だけではなくて植物も含まれます。しかし私たちの関心は動物なので、動物に焦点を絞りましょう。重要なのは、「導入により」という言葉です。それを、世界自然保護連合ジャパンは「人間の活動によって意図的・非意図的に持ち込まれた」と説明しています。「意図的・非意図的」のうち、人間が意図的に持ち込んだ動物というのは十分に分かりやすいでしょう。もう一つは、人間が意図しなくても、人間の活動、例えば船舶の往来によって持ち込まれた動物という意味です。ですから、動物が勝手に移動してきた場合は、外来種でないわけです。

もう一つ注意すべき点として、右の定義には「国境」が出てきません。つまり、外来種の問題は外国種の問題ではないということです。国内でも「外来種」はありうるのです。どういうことでしょうか。右の定義に注意すると、「自然分布域」や「もともとその地域にいなかった」という表現が目につきます。つまり、ここで問題になっているのは、自然か人為かという対立です。ここで暗黙の了解は、自然にもともといたものはよい（そして自然にやって来たものもよい）、しかし人為によって持ち込まれたものはいけないということです。ですから外来種の問題は、国内でも起こりうるわけです。とはいえ、外来種の問題は、動物が自然には移動しないところで起こるのですから、もっぱら離れた島の間で起こります。例えば、本州の動物が北海道に持ち込まれるとか、沖縄の動物が本州に持ち込まれるとかいった場合です。

いずれにせよ、外来種の問題の原因・責任が人間にあることが、右の定義から読み取れます。外来種の問題は人間が引き起こしたのだから、人間が解決すべきだというのでしょう。ただし、外来種がすべて問題かというと、そうではありません。おそらく外来種の多くは、環境に適応できなくて死んでいくでしょう。問題となるのは、何らかの害をもたらす外来種です。何らかの害を具体的に言えば、生態系への害と人間への害と農林水産業への害のことです。ですからこうした害をもたらさなければ、問題にならないわけです。実を言えば、外来種の中には有益なものも数多くいます。当然ながら、有益でも有害でもない外来種もいます。問題となるのは、有害な外来種です。有害な外来種は、日本の法律では、「特定外来生物」として、一三二種類の動物、十六種類の植物が指定されています[36]。有名なのは、哺乳類のタイワンザルやヌートリアやフィリマングース、爬虫類のカミツキガメ、両生類のウシガエル、魚類のオオクチバス（ブラックバス）などです。こうした名前は皆さんも聞いたことがあるでしょう。では、こうした特定外来生物に対する対策・方針は何でしょうか。簡単に言うと、輸入も飼育も野外に放すことも禁止であり、すでに野生にいる特定外来生物に関しては防除が基本方針です。防除も簡単に言うと、特定外来生物を殺すことです。

❖動物権利論から見た外来種問題

さて以上で、外来種の問題を、特に特定外来生物に関して説明しました。これに対して動物権利論は何が言えるでしょうか。動物権利論は、外来種の問題にどう応えるのでしょうか。まず、人間が外来種を意図的に持ち込んだ場合には、問題があります。その場合、人間は外来種を外国で捕まえて、檻に入れるなどして、日本に連れてきたわけです。こうしたこと――捕まえること、檻に入れること、強制移住させること――はすべて動物に対する権利侵害です。ですから、特定外来生物の輸入を禁止するという点で、動物権利論は日本の現行法に賛同します。ただし、動物権利論が輸入を禁止するのは特定外来生物に限定されません。動物権利論は、基本的にすべての動物種の輸入に反対します。そうすると、特定外来生物がすでに日本に来てしまっている場合には、どうしたらよいのでしょうか。動物権利論の立場から、最も真っ当な案は、特定外来生物を故郷に帰してあげることです。もちろん、そのためにはもう一回動物を捕まえ、檻に入れるなどして外国に連れていくことが必要になります。こうしたことは、動物の権利を再度侵害するように思われます。けれども、こうした権利侵害は、通常、動物にとって故郷に帰る利益のほうが大きいので、許容されるのではないか、と思います[37]。

ただし、このこと――帰郷政策――が言えるのは、第一世代の動物に限られます。第一世代の動物が日本で産んだ第二世代の動物にとっては、日本が生まれ故郷になります。ですから第二世代の動物の場合、帰郷政策は、故郷に帰る利益によって正当化されません。たとえ特定外来生物であっても、基本的動物権はあります。ですから私たちは、特定外来生物を殺すべきでなく、傷つけるべきでなく、特定外来生物の自由を奪うべきでもありません。「そんな無責任な」と思われるでしょうか。では、特定外来生物の害について考えてみましょう。

いや、そこへ行く前に、人間が意図しないで外来種を連れてくる場合について考えましょう。この場合、人間が意図しないのですから、おそらく動物が勝手に船舶などにもぐり込むのでしょう。それでも、動物は日本に行こうと思ってはいなかったので、人間は勝手に動物を日本に連れていくべきでないでしょう。ですから人間は、動物にもぐりこまれないよう注意すべきです。言い換えると、動物権利論は、外来種の意図的な輸入に反対するだけではなく、外来種の意図しない移入にも反対します。しかし、人間が十分に注意していても、動物が船舶などにもぐり込んでしまった場合は、どうでしょうか。そうした場合、動物は船舶などに迷い込んだら、日本に着いてしまったというのが実状でしょう。それでも外来種を日本に連れてきた責任は人間にあるので、外来種の帰郷政策が適切と思われます。ということは、意図的であろうと意図的でなかろうと、人間は外来種を日本に連れてくるべきでない、連れてきてしまった場合には故郷に帰してあげるべきだ、ということです。これが動物権利論の基本的立場です。

しかし、すでに述べたように、この帰郷政策が当てはまるのは、第一世代の動物にだけです。第二世代の動物には当てはまりません。では、外来種が日本に定着し世代交代が起こった後の段階で、特定外来生物の害にどう対処したらよいのでしょうか。実はこれは外来種の問題というよりも、野生動物の害の問題になります。外来種であっても害をなさない場合には、どう対処したらよいのかということが問題にならないからです。特定外来生物の害は、生態系への害と人間への害と農林水産業への害に分けられました。ですから、特定外来生物の問題は、個々の特定外来生物の害に照らして考える必要があります。まず、人間への害って、何でしょうか。人間がビックリするというのは害になりません。人間が噛みつかれたら痛いというのは、一応害になります。しかし、特定外来生物の根絶を正当化できるほど大きな害かといえば、疑問です。在来種でも、人間が噛みつかれたら痛いと感じるような動物はたくさんいるでしょう。だからといって、そういう在来種は根絶の対象になりません。特定外来生物が毒をもっていて危険だというのは、より深刻な害に思われます。もちろん、それも、毒がどれだけ危険かということに依存します。在来種でも毒をもっていて危険な動物はいるわけですから、ただ毒があるというだけでは根絶の対象にならないでしょう。

次に農林水産業への害です。このうち、水産業というのは、主として漁業のことです。[38] 漁業というのは、人間が食べるために魚を捕まえることです[39]。これは、魚の基本権の侵害です。ですから動物権利論は、そもそも漁業に反対します。動物権利論の考えでは、水産業への害は、考慮に値しません。ということは、水産業への害は、特定外来生物を根絶するための正当な理由になりません。農業への害は、どうしたらよいでしょうか。これは、鳥獣害のところで述べた通り、野生動物から農作物を保護柵などによって守るのが基本です。こうすれば、農作物を守って、なおかつ野生動物を殺さないですみます。林業への害も、農業への害に準じると思います。つまり、樹木を野生動物から守ることが基本政策です。ただし、守りきれないかもしれません。その場合、どうしたらよいのでしょうか。

❖生態系を変える外来種の排除は許される？

ひょっとしたら、農林業への害も含めて人間への害が問題なのは、特定外来生物による害が在来種による害に加えて追加的な害である点が大きいのかもしれません。「すでに人間は在来種によって害を被っているけれども、それは仕方がない。しかし新たな特定外来生物による追加的な害は許容できない」と考えられるのかもしれません。とすれば、これは生態系の変更がけしからんと主張しているように思われます。在来種が生態系の中にいてもいいけれども、特定外来生物がそこに加わることは許せないというのですから。

そこで最後に生態系への害について考えましょう。特定外来生物の導入によって生態系が変わることとは、どうして悪いことなのでしょうか。生態系の変更が人間にとって有害でありうることは、すでに述べました。けれども、それだけでは、特定外来生物を根絶する十分な理由になるか、疑問が残ります。人間の利益を離れて、特定外来生物による生態系の変更は、どうして悪いことなのでしょうか。そもそも世界には、さまざまな生態系があります。その中で、良い生態系と悪い生態系というような区別があるのでしょうか。あるとした場合、どうしてそのような区別がありうるのでしょうか。動物権利論の立場から、生態系の変更が悪いと言えるとしたら、それは、生態系の変更が多くの動物を殺すことになる場合です。もちろん、そのような生態系の変更が自然に起こる場合には、悪いとも何とも言えません。しかし、人間がそのような生態系の変更を引き起こす場合には、人間の責任が問われることになります。

特定外来生物は、二通りの仕方で在来種の動物を殺します。まず、特定外来生物は、在来種の動物を捕食する、つまり食べてしまうかもしれません。もう一つの仕方は、特定外来生物が在来種の動物の餌などを奪い、間接的に在来種の動物を死に追いやることです。いずれの仕方にせよ、在来種の動物が殺されることに変わりありません。しかもそれが人間によって引き起こされているのだとしたら、人間は在来種の動物の基本権を侵害することになります。ところが、人間は在来種の動物の基本権を侵害しない義務があります。ということは、人間は在来種の動物を守るために、特定外来生物を排除する義務を負うように思われます。実際にこれは、第一世代の外来種動物に関して私が主張したこと――帰郷政策――と合致します。たしかに、この帰郷政策は第一世代の外来種動物に関しては良いでしょう。しかし、第二世代の外来種動物には、固有の基本権があります。ですから私たちには、第二世代の特定外来生物に対しても、殺さない、傷つけない、自由を奪わないという義務があります。ということは、第二世代の特定外来生物を排除しない義務があるように思われます。

つまり、在来種の動物は私たちに、殺すな、と要求してきます。第二世代の特定外来生物も私たちに、殺すな、と要求してきます。ところが、放っておけば、第二世代の特定外来生物が在来種の動物を殺してしまいます。これは、捕食の問題とほとんど同じ構図です。違いは、捕食の問題とは違って特定外来生物の問題は人間が引き起こしたという点です。ですから、この問題は人間が解決する必要があります。しかしながら今、在来種の権利と外来種の権利が衝突していて、問題が解決不可能と思われます。どうしたらよいのでしょうか。悪い選択肢の中で、比較的ましな選択肢を選ぶしかありません。たしかに在来種の生命権と外来種の生命権は衝突して両立不可能です。けれども、外来種の自由を部分的に奪うことで、在来種と外来種の両方の生命権を守ることができます。具体的に言うと、例えば、外来種をその自然分布域に強制移住させたり、外来種を捕獲して在来種から隔離したりすることが考えられます。このように、現行の法律とは違って、動物権利論は、外来種を殺さない解決策を要求します。ただし、こうした外来種を殺さない解決策が現実的でない場合、どうしてもやむを得ない場合には、より多くの在来種の動物が殺されるのを避けるためにより少数の特定外来生物を殺すことも容認されると思われます。

4　まとめ

さて、この章で私は、主に次の九つのことを主張しました。

一、野生動物と人間の基本的関係は、野生動物の自然保護地区と人間の開発区域と、その間の緩衝

地域という三区分の棲み分けになります。さらに緩衝地域を自然側の緩衝地域と人間側の緩衝地域に分ける場合には、四区分の棲み分けになります。
二、動物を直接的にも間接的にも殺してはいけないのですから、動物種を絶滅させてもいけません。
三、鳥獣害への基本的対処は、防護柵などによって農作物を守ることです。
四、その上で、鹿や猪が増えすぎることに対しては、不妊化処置によって鹿や猪が増えすぎないようにするべきです。
五、野生動物の間の捕食に関して、動物権利論の立場は、野生動物に介入するな、というものです。
六、人間の開発区域の中に野生動物が住んでいる場合、そういう「境界動物」の権利も尊重する必要があります。うまくいけば、「境界動物」と人間の関係は、棲み分けではない共生の好例になります。
七、外来種の問題は難しいのですけれども、基本原則は、外来種を持ち込まない、持ち込んだ場合は故郷に帰してあげるということです。
八、しかしながら第二世代の外来種動物については、外来種だからといって差別するべきではなくて、外来種動物の基本的権利を尊重する必要があります。
九、ところが外来種動物が在来種の動物を殺す場合、問題は本当に難しくて、動物権利論の立場からは、なるべく外来種動物を殺さない解決法を模索するべきだということくらいしか言えません。
この章では、多くの細かい論点が出てきました。特に、最後の九番目の点に関しては、皆さん、がっかりされたかもしれません。でも、動物権利論が万能ではないということも、ぜひ分かってください。その他の論点については、どうでしょうか。説得的でしょうか。一つ一つについて、自分でよく考えてみてくださいね。

（１）現行の動物の愛護及び管理に関する法律でも、愛護動物の遺棄は犯罪です（第四十四条第三項）。
（２）養殖されている魚の場合は、解放されても、この問題が生じないと思われます。海は広いからです。
（３）鶏と豚の数は、農林水産省の平成三十一年畜産統計によります。
（４）猫と犬の数は、ペットフード協会の令和元年全国犬猫飼育実態調査による推計値です。
（５）ハツカネズミの数は、日本実験動物学会の「実験動物の使用状況に関する調査について」（二〇一〇年）によります。ただし、この調査は少し古いですし、アンケート調査の回収率も高くないので、信頼性が高くありません。それでも他に新しい統計資料がないので、ここの数字を一応挙げておきます。
（６）環境省の「全国のニホンジカ及びイノシシの個体数推定等について」によります。なお、北海道にはイノシシがいません。
（７）人間がどのように効率的に豚を繁殖させ増やしているかは、すでに第２章第２節で述べた通りです。
（８）棲み分けというのは、なにも私の独創ではありません。誰が考えても思いつくような単純な考えであり、野生動物管理の分野でも標準的な思想です。ただし、各地域の名称は、私が分かりやすい名前をつけました。
（９）このように土地の区分として考えることができるのは、もっぱら獣の場合です。鳥は空を自由に移動するので、土地の区分があまり意味をなしません――ただし、後で見るように、土地の区分がまったく無意味というわけでもありません。
（10）本書では詳しく論じませんけれども、狩猟を止めようというのも、動物権利論から自然に出てくる主な主張の一つです。

（11）環境省の「平成二十三年度　第二回人と自然との共生懇談会　資料2―2」によります。
（12）国交省の「「国土の長期展望」中間とりまとめ」によります。
（13）総務省の「人口推計　長期時系列データ」によります。
（14）以上、環境省の「レッドリスト」によります。
（15）これが自然保護運動の中心思想です。例えば、「琵琶湖を汚してはいけない」と主張したとき、「どうしてか」と言われたら、「だって、琵琶湖の水は京阪神一五〇〇万人の飲み水だ」と答えればよいわけです。分かりやすいですね。「人間中心的環境主義」は、単に「人間中心主義」とも呼ばれます。
（16）「非人間中心主義」や「人間非中心主義」と呼ばれることもあります。どっちの表現も分かりにくいので、私は「人間中心的でない環境主義」と書きました。この立場は広い意味では動物権利論を含みますけれども、ここでは動物権利論と対比して、つまり動物権利論を排除する意味で「人間中心的でない環境主義」という言葉を使っています。これは稀有な立場で、アルド・レオポルドの土地倫理やアルネ・ネスのディープ・エコロジーが代表的な説です。
（17）ただし、生態系に配慮すべきだということを人間に説得するときには、人間中心的環境主義を前面に押し出してもかまいません。
（18）祖田『鳥獣害』、四六～四七頁。
（19）農林水産省「全国の野生鳥獣による農作物被害状況（平成三〇年度）」によります。ちなみに、三番目にカラスによる被害額が一四億円で、四番目に猿による被害額が八億円です。鹿と猪と烏と猿による被害額を合わせると一二四億円で、全体の七九％になります。
（20）環境省「全国のニホンジカ及びイノシシの個体数推定等について」によります。
（21）揚妻「シカの異常増加を考える」および大学ジャーナルオンライン編集部「北海道開拓当初のエゾシカ個体数、七〇万と推定」によります。

(22)　ここで述べたように、現在の生息数が明治初年頃の生息数と同じくらいだとしましょう。ところが先に述べたように、野生動物の生息域は狭まっています。それだけ野生動物の生活は圧迫されていて、農地に進出してくる傾向が強いのかもしれません。
(23)　河合・林『動物たちの反乱』、三～五頁。
(24)　河合・林『動物たちの反乱』、二八〇～二八一頁。ただし、〔　〕の部分は私が補いました。
(25)　人間が大々的に自然に介入するようになったのは、明治期以降です。それ以前の時代の生態系は、比較的安定していたと考えられます。
(26)　河合・林『動物たちの反乱』、二六八頁、二七〇頁。
(27)　祖田『鳥獣害』、一九九～二〇〇頁。
(28)　アメリカ合衆国では実際に狼が再導入されました。そうした例にならい、日本でも、日本オオカミ協会を中心として、狼を再導入しようという動きがあります。また日本で絶滅した種を野生に再導入した例としては、コウノトリやトキがよく知られています。
(29)　不妊化は身体を毀損するので、権利の侵害と言えます。それでも、この権利侵害のほうが、より重大な生命権の侵害よりはましだということです。
(30)　それもそのはず、これは、ドナルドソンとキムリッカがその著『人と動物の政治共同体』の中で使い始めた言葉です。「境界動物」という言葉を編み出して、その存在に私たちの注意を向けさせてくれたのは、ドナルドソンとキムリッカの大きな功績です。
(31)　私が「入ってくる」と書いたのは正確でないかもしれません。おそらく境界動物は最初からそこにいたのであって、人間が排除しきれなかったというのが実状かもしれません。それでも、人間の排他的意識にとっては「入ってくる」という感じです。
(32)　地域猫というのは、野良猫が積極的に管理されたものです。地域猫は、管理されているけれども所有されていないので、私の分類では、家畜ではない野生動物です。
(33) 不妊や去勢の処置をした猫の耳には、多くの場合、V字の切り込みが入れられます。そうすることで、その猫が不妊や去勢の処置済みであることがよく分かるようにです。
(34) 環境省「日本の外来種対策　用語集」。
(35) 世界自然保護連合ジャパン「外来生物（外来種）問題」。
(36) 「特定外来生物による生態系等に係る被害の防止に関する法律」です。正確に言うと、これら特定外来生物には、現に害をなしている生物だけではなくて、害をなすおそれのある生物も含まれます。ですから特定外来生物の中には、日本に定着していない生物も含まれています。またこの法律で規定される特定外来生物は外国由来の外来種に限られ、国内由来の外来種は含まれません。
(37) 通常でない場合、つまり動物にとって故郷に帰る利益のほうが小さい場合、帰郷政策は正当化されません。その場合、次の段落以降で述べるように、話が複雑になります。
(38) 定義としては、水産業の中には、漁業だけではなくて水産加工業なども含まれます。
(39) ただし、貝類が快苦を感じることに疑問を抱く人は、貝類に基本的動物権を認めないかもしれません。そういう人は、貝類を食べても問題ないと考えるでしょう。

第5章　動物倫理と世界観

最後の第5章では、まず、私たちに生き方を教えてくれる宗教、なかでも身近な宗教と思われるキリスト教と仏教に目を向けてみます。その後で、動物権利論という考えにどのような思想的広がりがあるかを見ます。

1　キリスト教は動物に優しくないか

❖旧約聖書の人間中心的解釈

動物倫理に関して、キリスト教の教えはどのようなものでしょうか。キリスト教は私たちに、動物をどのように扱えと教えているでしょうか。いや、これは問いが正確でないかもしれません。というのは、キリスト教というのは、そこに確定した形でボンと存在しているようなものではないからです。

むしろ、キリスト教を人々はどのように解釈してきたか、といったほうがよいと思います。ですから、キリスト教を解釈する人々がさまざまであるように、人々のキリスト教解釈もさまざまでありえます。とはいえ、キリスト教解釈は何でもありかといえば、そうでもありません。キリスト教解釈がキリスト教の解釈である限りは、そこに自ずから一定の限界があります。あるいは言い換えると、解釈がキリスト教の解釈である限り、すべてのキリスト教解釈に共通の要素があり、少なくとも共通の基盤があります。共通の基盤とは、旧約聖書と新約聖書です。

では、この旧約聖書と新約聖書を人々はどのように読んできたのでしょうか。すでに述べたように、さまざまな読み方があったと思います。ですけれども、過去二百年ほどを見る限り、支配的な解釈は、人間と動物の関係に関して、「創世記」の中で神が語る次の言葉に注目してきました。

我々にかたどり、我々に似せて、人を造ろう。そして海の魚、空の鳥、家畜、地の獣、地を這うものすべてを支配させよう。（創世記 1：26）[1]

産めよ、増えよ、地に満ちて地を従わせよ。海の魚、空の鳥、地の上を這う生き物をすべて支配せよ。（創世記 1：28）

さらに、ノアの箱舟で有名な、ノアが神から与えられた契約では次のように述べられます。

産めよ、増えよ、地に満ちよ。地のすべての獣と空のすべての鳥は、地を這うすべてのものと海のすべての魚と共に、あなたたちの前に恐れおののき、あなたたちの手にゆだねられる。動いている命あるものは、すべてあなたたちの食糧とするがよい。（創世記　９：１〜３）

どうでしょうか。ここでは、人間と他の動物の関係が支配・服従の関係であると述べられているように見えます。この人間の特権的地位を保証するのが、人間が神に似せて造られているという教えです。そしてこの特権的地位からの帰結として、人間は他の動物を食べてよいと述べられています。他の動物を食べるためには、他の動物を殺さないと食べられませんから、他の動物を殺してよいということも含まれています。他の動物を殺してもよいのですから、ここでは明確には述べられませんけれども、当然、他の動物を他の仕方で利用してもよいのでしょう。要するに、人間が他の動物を支配する権利は、包括的なものと理解され、人間は他の動物に対してありとあらゆることをしてよいと考えられます。唯一の制約は、人間の便益でしょうか。何のために他の動物が人間に服従するのかといえば、その目的は人間の繁栄であるように思われますから。こうした解釈を、人間中心的解釈と呼びましょう。この人間中心的解釈だと、たしかにキリスト教は動物に優しくないと思われます。

❖旧約聖書の菜食主義的解釈

しかし、人間中心的解釈が唯一の解釈ではありません。人間中心主義ではない別の解釈の可能性もあります。それを菜食主義的解釈と呼びましょう。そう呼ぶのは、この解釈が「創世記」の次の箇所に注目するからです。

見よ、全地に生える、種を持つ草と種を持つ実をつける木を、すべてあなたたちに与えよう。それがあなたたちの食べ物となる。地の獣、空の鳥、地を這うものなど、すべて命あるものにはあらゆる青草を食べさせよう。（創世記　1：29～30）

明らかにここでは食べ物に関して菜食主義が教えられています。ここの文言では、はっきり述べられているわけでありませんけれども、肉食が禁じられているように見えます。しかも、菜食主義が人間に命じられているだけではありません。すべての動物が菜食主義を命じられています。これはどういうことでしょうか。肉食動物は、どうなるのでしょうか。また、すでに引用したノアとの契約の箇所では、肉食が許されていました。このノアとの契約の箇所を、菜食主義的解釈はどのように理解するのでしょうか。同じ「創世記」でありながら、第一章では菜食主義が教えられ、第九章では肉食が許される。これはどういうことでしょうか。

菜食主義的解釈は、「創世記」の第一章と第九章の違いを時間の違いによって説明します。第一章で菜食主義が教えられるのは、アダムとエバがエデンの園で禁断の木の実を食べて罪を犯す前のことです。この罪を原罪と言って、そのせいで人類はエデンの園を追われることになります。他方、第九章で肉食が許されるのは、人間が原罪を犯してエデンの園から追放された後のことです。ですから肉食は、エデンの園ではない堕落した世界において許されていることにすぎません。この堕落した世界において、預言者イザヤは夢を見ます。次のような夢です。

狼は子羊と共に宿り
豹は子山羊と共に伏す。
子牛は若獅子と共に育ち
小さい子供がそれらを導く。
牛も熊も共に草をはみ
その子らは共に伏し
獅子も牛もひとしく干し草を食らう。
乳飲み子は毒蛇の穴に戯れ
幼子は蝮の巣に手を入れる。
わたしの聖なる山においては
何ものも害を加えず、滅ぼすこともない。（イザヤ 11：6〜9）

ここで夢見られているのは、肉食動物が肉食をしないで、すべての動物が仲よく暮らす世界です。もちろん、人間が他の動物を食べるとも思われません。ですから、たしかにこの現実の世界では人間は他の動物を食べ、捕食動物は被食動物を食べるのですけれども、それは堕落した状態であって本来あるべき姿ではないというふうに、菜食主義的解釈は考えるのです。

どういうことでしょうか。イザヤが夢見るのは現実の世界ではありません。来たるべき世界です。ただし、来たるべき世界は私たちと無関係ではありません。来たるべき世界が分かれば、私たちは積極的にその世界に入っていくべきです。それは、来たるべき世界における生き方を私たちが率先して実践するということです。こうして、菜食主義的解釈によれば、旧約聖書は、私たちに単にこの世の秩序を教えるのではなくて、理想として、本来あるべき生き方（菜食主義）に戻るように教えているのです。

❖新約聖書の、食に関する記述

では、人間中心的解釈と菜食主義的解釈と、どちらの読み方が適切なのでしょうか。というよりも、どちらも読み方なので、どちらの解釈も旧約聖書の読み方として可能なように思われます。ここで皆さんは、どうして旧約聖書の解釈の話をしているのだろうかと訝しく思われたのではないでしょうか。その通りです。旧約聖書は、人間中心的解釈も菜食主義的解釈も許容するように見えます。つまり、旧約聖書だけを見ていても、決着がつかないということです。キリスト教にとっては、旧約聖書よりも新約聖書のほうが新しい契約なのですから、新約聖書に目を向けるべきです。

しかしながら、新約聖書を読んでも、菜食や肉食についてほとんど何も書かれていません。ただし、これは不思議ではありません。皆さんも聞いたことがあるでしょう——キリスト教は、律法の教えではなくて愛の教えです。つまり、イエスは、こうしろとかああするなとかいった行動規範を教えるのではありません。次の箇所は有名な一節です。

あなたがたも聞いているとおり、昔の人は「殺すな。人を殺した者は裁きを受ける」と命じられている。しかし、わたしは言っておく。「兄弟に腹を立てる者はだれでも裁きを受ける。」（マタイ５：21～22）

ここには非常に重要な認識があります。罪は、例えば殺人というような行為において成り立つのではなくして、行為の元になる心の次元で成り立つというのです。ですから、イエスは、何々を食べよとか食べるなということは教えません。イエスの教えは、むしろ心のあり方に関わります。

とはいえ、新約聖書にも、食べ物ないし食べ方に関わる箇所が少しだけあります。「マタイによる福音書」第十五章、特に十～二十節と「マルコによる福音書」第七章、特に十四～二十三節です。そこでイエスは、「口に入るものは人を汚さ」ないと言います。ですからその意味で、新約聖書で述べられた見解は、何を食べてもかまわない、食に関する制約はない、ということになります。しかしながら、この箇所にはまだ後半があります。イエスは続けて「口から出て来るものは、心から出て来るので、これこそ人を汚す」と言い、人を汚す悪い思いの例として悪意、殺意、貪欲、ねたみ、傲慢などを挙げます。では、悪い思いの例だけではなくて、よい思いの例はないのでしょうか。あります。

あなたがたの父が憐れみ深いように、あなたがたも憐れみ深い者となりなさい。（ルカ６：36）

ここで「あなたがたの父」と呼ばれているのは、血縁上の父のことではありませんよ。「あなたがたの天の父」すなわち神のことです。この神は、完全だとも言われます（マタイ 5：48）。どのように完全なのでしょうか。神は、一羽の雀さえも忘れることなく、養ってくださいます。(2) こうした箇所から示唆される人間像は、悪意や殺意、貪欲やねたみや傲慢を抱かず、どんな小さな者に対しても配慮し、思いやりがある人間です。このキリスト教的な人間像を理解した上で、旧約聖書に戻ってみましょう。

❖新約聖書の精神に照らして旧約聖書を読む

すでに見たように、人間は神の似像として造られていると言われます（創世記 1：26）。人間と神と、どの点で似ているのでしょうか。皆さんは、どう思いますか。理性や知性や理解力がある点でしょうか。神は宇宙を造り、地球を造り、動物や人間を造ったので、大変な知恵があるのでしょう。人間も蒸気機関車を造り、自動車を造り、飛行機を造っているので、知恵者でしょう。この点でたしかに神と人間は似ています。しかし問題は、知恵をどのように用いるかです。神は、ただ賢いだけの存在でしょうか。いや、神は宇宙を造ったくらいですから、力もあるのでしょう。では神は、ただ賢くて力があるだけの存在でしょうか。

人間中心的解釈によれば、人間は自分の利益のために他の動物を利用してよいのです。神が人間に地上の専制支配を許したからです。この解釈は、もともと神が専制的な支配者であることを前提するように思われます。しかし、先ほど見たように、神は完全で憐れみ深い方です。そうであれば、神が人間に地上の専制的支配を許したとは考えられません。むしろ神が人間に許した地上支配は、どんな小さな者にも配慮し、思いやりのある支配だと考えられます。ですから、新約聖書から切り離して解釈するのではなく、新約聖書の精神に照らして旧約聖書を読むならば、人間中心的解釈は不適切です。神は、自分のために他のものを利用する利己的な方ではなくて、憐れみ深い方だからです。他方、菜食主義的解釈はどうでしょうか。菜食主義的解釈は、新約聖書の精神と両立可能であり、親和的とも思われます。神は憐れみ深い方で、人間は神の代わりに地上を支配するので、「支配」という訳語は適切でないかもしれません。「支配」という日本語は、利己的で専制的な性質を示唆するからです。「支配」の仕方が憐れみ深いものであることを考えれば、「支配」というよりも「管理」や「世話」と呼んだほうがいいでしょう。

❖キリスト教の憐れみの精神と動物倫理

もう一度、新約聖書に戻りましょう。すでに述べたように、キリスト教の教えは、心のあり方に関わります。悪意や殺意、貪欲、ねたみ、傲慢などを抱かず、憐れみ深い者であれ、というのです。こうした性質は当人の心の姿勢なので、相手を選びません。こうした性質の人は、誰に対しても悪意や殺意、貪欲、ねたみ、傲慢を抱かず、誰に対しても憐れみ深いのです――一般的に、こうした心根の向かいうるすべての者に対して、そうです。

そこで次に、有名な「善いサマリア人」の話を見てみましょう。隣人愛に関して隣人とは誰のことかと聞かれたとき、イエスは次のように話します。

ある人がエルサレムからエリコへ下って行く途中、追いはぎに襲われた。追いはぎはその人の服をはぎ取り、殴りつけ、半殺しにしたまま立ち去った。ある祭司がたまたまその道を下って来たが、その人を見ると、道の向こう側を通って行った。同じように、レビ人もその場所にやって来たが、その人を見ると、道の向こう側を通って行った。ところが、旅をしていたサマリア人は、そばに来ると、その人を見て憐れに思い、近寄って傷に油とぶどう酒を注ぎ、包帯をして、自分のろばに乗せ、宿屋に連れて行って介抱した。そして、翌日になると、デナリオン銀貨二枚を取り出し、宿屋の主人に渡して言った。「この人を介抱してください。費用がもっとかかったら、帰りがけに払います。」さて、あなたはこの三人の中で、だれが追いはぎに襲われた人の隣人になったと思うか。（ルカ 10：30～36）

おそらくイエスに隣人とは誰のことかと聞いた人は、血縁の者だとか同じ村の者だとかいった答え方を念頭においていたのでしょう。しかしイエスは問いの方向性を完全に切り替えて、隣人愛を向けるべき相手は誰かということではなく、隣人愛をもっているのは誰かということを問題にします。つまり、相手が誰であるかは重要でないということです。

イエスから「だれが追いはぎに襲われた人の隣人になったと思うか」と問い返された人は、もちろん、「その人を助けた人です」と答えます。それに対してイエスが言うのは、「行って、あなたも同じようにしなさい」ということです（ルカ 10：37）。これが、イエスによる隣人愛の教えです。

そこで、今の話を少し変えて、道端に傷を負った狐が倒れていたとしましょう。そこを通りかかったとき、憐れみ深い人は、どうするでしょうか。「しめた、皮を剥いでやろう」と思うでしょうか。ただ道の向こう側を通り過ぎるでしょうか。それとも、憐れに思って、できるだけの介抱をし、場合によっては獣医さんのところに連れて行ってあげるでしょうか。憐れみ深い人にふさわしい行為はどれでしょうか。「皮を剥いでやろう」（または「市場に持っていって売ろう」）という人は、貪欲な人でしょう。道の向こう側を通り過ぎる人は、貪欲ではないかもしれませんけれども、憐れみ深くもありませんよね。他方、憐れに思うのは、憐れみ深い人です。憐れみ深い人は、誰がケガをしていても憐れに感じます。誰かが血を流して痛そうにしていたとしましょう。その誰かが人間であっても狐であっても、かわいそうであることに変わりありません。憐れみ深い人は、人間に対しても他の動物に対しても憐れみ深いのです。このように、人間の心のあり方を問題にするキリスト教の教えは、相手を選びません。一般的に悪意や殺意、貪欲やねたみや傲慢を戒め、神が憐れみ深くあるように人間も憐れみ深くあれ、と教えるのです。

もしキリスト教の教えがこのようなものであるならば、現代社会において人間と他の動物の関係はどのようなものになるでしょうか。動物倫理に関して、キリスト教の立場はどのようなものになるでしょうか。神は、もともと利己的な目的で人間やその他の動物を造ったのではありません。自分のために利用したり食べたりするために人間やその他の動物を造ったのではありません。そうではなく、神は私たち人間やその他の動物を自立的存在として造り、そのような私たちに配慮してくれるのです。そうであれば、人間が神に代わって他の動物を管理し世話するときも、「役得だ」と言って利己的に他の動物を利用したり食べたりすべきではありません。他の動物を他の動物自身のために配慮し世話すべきなのです。この節の初めに引用した「創世記」第一章の二十六節や二十八節の「他の動物を支配せよ」という文章は、このように解釈するべきです。もちろん、これは人間が原罪を犯す以前の話です。けれども、キリスト教の理想とは、そういうものだと思われます。堕落したこの世に留まるのではなくして、堕落していない世界に憧れるのです。

❖キリスト教は人間中心主義ではない

このように見てくれれば、キリスト教の精神は、かなり旧約聖書の菜食主義的解釈に傾くように思われます。少なくとも、私が第2章の第2節で述べたような工場式畜産には反対するでしょう。工場式畜産とは、いかに美味しい肉を、いかに安く、いかに大量に生産するかを極限まで追求した生産様式です。これは人間の貪欲以外の何ものでもありません。そのために、他の動物を生き物というよりも単なる生産用具に貶めて、苦しめ苛み殺しているのです。そもそもどうして私たちは肉を食べるのでしょうか。栄養が不足しているからではありません。現代日本で私たちが肉を食べる理由は、主に二つです。第一に、美味しいものを食べたいから、つまり美食のためです。第二に、貧乏な人のように食べるのではなくして、お金持ちのように食べて、そのことを自他ともに示し、幸福を感じたいからです。お金持ちのように食べられるということは、自分がひとかどの人間だということの証明になり、自尊心をくすぐります。しかし、こうした美食の追求（貪欲）、自尊心がくすぐられるような幸福感（傲慢）を、キリスト教は昔から戒めてきました。

歴史を通じて、植物性の食料を十分に生産できる多くの社会において、肉食はお金持ちの特権でした。肉の生産には費用がかかるからです。少し考えてください。人間が植物を直接食べるのに比べて、植物を食べさせて牛などを育て、その後で牛などを肉にして食べる、このほうが、人間が栄養を摂取する仕方としてより遠回りであり、より費用がかかります。日本でも、肉を日常的に食べられるようになったのは、日本の社会が経済成長を遂げて豊かになってからのことです。ですから私たちの文化では、肉を食べない食事は貧乏な人のようで辛気臭く、肉を食べるのは豪華でよいのです。しかし、そのようにお金持ちのように振る舞うこと、そこから得られる幸福感は、キリスト教的な美徳、幸福ではありません。

動物実験はどうでしょうか。動物実験は、他の動物を人間のために利用することです。しかし、これまで述べてきたように、キリスト教の精神によれば、人間が神に代わって他の動物を管理、世話するとき、神が憐れみ深い方であるように私たちも憐れみ深くあるべきなのです。これは実質的に、利己的にではなく利他的にということなので、少なくとも私が述べてきた解釈によれば、キリスト教は動物実験にも反対します。あと競馬や、動物園水族館などについても、おそらく同様でしょう。貪欲を戒め、憐れみ深くあれと要求するイエスの教えからすれば、キリスト教は決して動物に優しくないわけではありません。むしろ、キリスト教は人間中心主義ではないという点を強調したいと思います。

2 仏教は動物の味方のはず

❖不殺生戒の教え

仏教の不殺生戒については、本書の「はじめに」でも少しだけ紹介しました。大事なので、もう一度引用します。

> 生きものを（みずから）殺してはならぬ。また（他人をして）殺さしめてはならぬ。また他の人々が殺害するのを容認してはならぬ。世の中の強剛な者どもでも、また怯えている者どもでも、すべての生きものに対する暴力を抑えて――。[3]

不殺生戒では殺すことに焦点が当てられていますけれども、不殺生戒の射程は殺すことに限定されません。ここの引用文でも「暴力を抑えて」と述べられるように、暴力一般が禁止されます。ですから、不殺生戒は簡略に次のようにも述べられます。

> 生きものを害してはならぬ。[4]

そして暴力一般がいくらか具体的に、「生物を殺すこと、打ち、切断し、縛ること」と述べられます。[5]
ですから、不殺生戒は、動物権利論で言う三つの基本的権利――殺されない権利、傷つけられない権利、自由を奪われない権利――に対応します。もちろん、ゴータマ・ブッダはずっと昔の人なので「権利」という言葉を使っていません。しかし、人間に三つの基本的義務を負わせています――すなわち、動物を殺さない義務、動物を傷つけない義務、動物の自由を奪わない義務です。ですから、仏教の不殺生戒と動物権利論の基本思想は実質的に同じだと言ってもよいでしょう。

でも、ちょっと考えてみましょう。どうして仏教は、私たちに不殺生戒――三つの基本的義務――を課すのでしょうか。『ブッダのことば』には、次のように書かれています。

「かれらもわたくしと同様であり、わたくしもかれらと同様である」と思って、わが身に引きくらべて、（生きものを）殺してはならぬ。また他人をして殺さしめてはならぬ。(6)

つまり、自分と他の動物が同じであり共通だから、ということです。では、どこが同じであり共通なのでしょうか。

すべての者は暴力におびえ、すべての者は死をおそれる。己が身にひきくらべて、殺してはならぬ。殺さしめてはならぬ。
すべての者は暴力におびえる。すべての（生きもの）にとって生命は愛しい。己が身にひきくらべて、殺してはならぬ。殺さしめてはならぬ。(7)

この通り、私たちは暴力一般におびえ、とりわけ死を恐れます。同時に私たちにとって、基本的権利が侵害されていない生は、それだけで愛しいのです。これが、私たち人間と他の動物の共通性です。

この点を現代の動物権利論は、快苦の感受能力と表現します。快苦を感じる動物を、仏教の用語では「有情」と言います。「有情」の「情」は、「知・情・意」の情であり、「感情」や「情念」や「情緒」、「情動」の「情」です。要するに、刺激に対して反応する心の働きです。他方、快苦を感じない存在を「無情」（または「非情」）と呼びます。木石が、無情の代表例です。

第2章の第1節で述べたように、動物権利論からの自然な帰結は動物解放論です。つまり、現に人間に囚われて基本的権利を侵害されている動物を、人間による監禁、虐待、虐殺から解放しよう、ということでした。そのような解放を、仏教は昔から——おそらく象徴的行事として——実践してきました。放生会《ほうじょうえ》です。「放生会」って皆さんは聞いたことがありますか。あまりないのではないかと思います。でも、少なくとも日本では、放生会は仏教の伝統的な行事です。おっと、放生会とは何かをまだ説明していませんでした。放生とは、人間に捕まえられた動物を逃がしてやることで、放生会は、それを行う行事です。ですから、この点でも、仏教の思想は、動物権利論・動物解放論と軌を一にしています。

❖仏教と菜食主義

ところで、日本の人口は約一億二五〇〇万人あまりですけれども、その中で仏教徒は約八四〇〇万人あまりもいます。(8) 単純にこの数字を信じれば、日本人口の約六七％は仏教徒だということになります。優に過半数どころか、三分の二以上です。もしそうだとすれば、日本は動物に大変優しい国でありそうに思われます。しかし、実態を見ると、動物愛護運動は日本で大きなうねりになっていません。動物権利論という考えもあまり知られていません（だから私がこの本を書いているのですけどね）。どうしてなんでしょうか。仏教や仏教徒は何をしているのでしょうか。

第１章で述べたように、動物がもつ基本的権利は消極的権利です。ですから私たちはなにもしなくても、動物の基本的権利をかなり容易に尊重することができます。そんな中で、私たちが動物と関わりになる最も身近な場面は、おそらく食生活でしょう。毎日、朝、昼、夕と三回、何を食べるか、何を食べないか、という選択の場面があります。動物を食べるか食べないか、それが問題です。

普通、動物の肉を食べるためには、動物を殺さないでは食べることができません。ですから通常の状況では、不殺生戒からは、ごく自然に菜食主義（非肉食）が出てきます。仏教でも、この推論を当然のこととみなしてきました。特にインドから北回りで東に伝播した大乗仏教では、非肉食が強調されました。それは、不殺生戒の元にある慈悲心からすれば、動物を殺して食べるというようなことは考えられないからです。言うまでもないことですけれども、日本に伝来したのも大乗仏教です。ですから日本でも、非肉食は仏教の核心的部分でした。おそらく比較的最近まで日本でほとんど肉を食べなかったのは、仏教の思想的影響によるところが大きいと考えられます。それだけ仏教の僧侶が熱心に人々を教化、指導してきたということなのでしょう。

しかし今、日本の仏教・仏教徒の顕著な特徴は、肉を食べることです。もちろん、肉を食べない仏教徒もいます。でも私たちのまわりにいるほとんどの仏教徒は肉を食べると思います。これは、どうしてでしょうか。肉を食べる仏教徒の人は、自分の肉食をどのように正当化するのでしょうか。それをこれから考えてみましょう。仏教徒の肉食を正当化する議論を三つ取り上げて、検討します。第一は鈴木大拙の肉食論で、第二は親鸞の悪人正機説、第三は三種の浄肉説です。

❖鈴木大拙の肉食論

鈴木大拙は、明治生まれの仏教学者で、禅を海外に紹介したことで知られています。その鈴木が若い頃に「僧侶の肉食に就きて」と題する小文を書いています。その中で鈴木は、次のように述べて、肉食に積極的な意義があると主張します。

> 思うに、宇宙は一大神秘の発現にして、吾も汝も皆その一部を成せり、この発現を完全にして、少なくとも意識ある生物（即ち人類）の心の上に完全なるものとなして、吾と汝とを悉く至美・至善・至真の郷に遊ばんと務むべきは一切万有の大責任となす、汝と吾と皆この責任を遁るべからず。然るに一大神秘は、吾に心を与え、汝に肉を与えたり。すなわちその肉を殺して、吾心の犠牲としてこの心よりも大なる一大神秘を発表せん、これ吾の責任なり。すなわち汝が殺されてこの卓上にあるは、吾をして真理に到らしめんためその犠牲となりたるなり。(9)

少し難しい文章ですね。解説すると、こういうことです。まず宇宙という神秘的現象には、完成という目的があります。ですから、宇宙の中にいる人間も他の動物も、宇宙を完成させて最も美しく最も善く最も真な世界にする責任があります。ところが宇宙は人間に精神を与え、他の動物には肉を与えています。ですから人間の責任は、動物の肉を食べて、宇宙の真理を明らかにすることであり、他の動物の責任は、人間が真理に到達するための犠牲になることだ、というのです。この主張について皆さんは、どう思いますか。説得的でしょうか。

それを検討しましょう。まず、人間が動物の肉を食べれば、人間の身体は養われるので、人間が宇宙の真理を明らかにすることができるものとしましょう。その場合、たしかに動物の犠牲は、人間が真理を明らかにするのに役立ったように思われます。しかし、ここで問う必要があるのは、人間は肉を食べなくても宇宙の真理を明らかにすることができたかどうか、です。もちろん、肉を食べない場合、まったく何も食べないのであれば、人間は身体を養うことができず、真理を明らかにすることもできなかったでしょう。しかし、そうではなくて、植物性の食品だけを食べていた場合にも、真理を明らかにすることができたでしょうか。肉を食べた人間が真理を明らかにすることができるのであれば、植物性の食品だけを食べる人間が真理を明らかにすることができない理由はありません。例えば、数学者で考えてみましょう。数学者が宇宙の真理を明らかにするものとしましょう。肉を食べる数学者が宇宙の真理を明らかにすることができるのに、植物性の食品だけを食べる数学者が宇宙の真理を明らかにできない理由があるでしょうか。そういう理由は考えられません。肉食をすると研究が効率的にはかどり、菜食をすると研究があまりはかどらないとも考えられません。言い換えると、人間が宇宙の真理を明らかにするという目的にとって、肉食が必ずしも必要ではないということです。宇宙の真理を明らかにすることにとって肉食が必要でないならば、肉を食べた人がたまたま真理を明らかにしたからといって、そのことによって動物の犠牲が正当化されるわけではありません。肉食は必要でなかったから、動物の犠牲は不必要だったからです。

ですから、鈴木の肉食論は肉食の正当化に成功していません。

❖親鸞・悪人正機説と肉食論

次は、親鸞の悪人正機説です。悪人正機説で肉食に関わるところは、次のように述べられます。

善人でさえ浄土に往生することができるのです。まして悪人はいうまでもありません。

海や河で網を引き、釣りをして暮らしを立てる人も、野や山で獣を狩り、鳥を捕らえて生活する人も、商売をし、田畑を耕して日々を送る人も、すべての人はみな同じことだ。(10)

屠沽の下類も、ただひとすじに、思いはかることのできない無礙光仏の本願と、その広く大いなる智慧の名号を信じれば、煩悩を身にそなえたまま、必ずこの上なくすぐれた仏のさとりに至るということである。(……)「屠」は、さまざまな生きものを殺し、切りさばくものであり、これはいわゆる漁猟を行うもののことである。「沽」はさまざまなものを売り買いするものであり、これは商いを行う人である。これらの人々を「下類」というのである。(11)

最初に問題になるのは、善人とは何か、悪人とは何かということです。私たちは不殺生戒を検討しているので、私たちの関心にとっては、殺生をしないのが善人、殺生をするのが悪人と理解してよいでしょう。そうすると、一つ目の文章が意味するのは、殺生をしない善人でさえ往生するのだから、殺生をする悪人が往生するのはいうまでもない、ということです。ここで、どうして「殺生をしない善人でさえ往生するのだから、殺生をする悪人が往生するのはいうまでもない」のかは、難しいところです。でも、それが悪人正機説の眼目です。つまり、善人よりも悪人こそが往生するというのです。しかしながら、私たちがその難しい論理にかかずらう必要はありません。ここで押さえておくべきは、二つの客観的主張です。すなわち、①殺生をしない善人は往生する、②殺生をする悪人も往生する、ということです。ですから、往生するかどうかに関して、殺生しないかするかは関係ないというのです。

とにかく、殺生をする悪人は往生する、というのです。ということは、殺生をしてもかまわない、ということになりそうです。はたして、悪人正機説は、殺生を許可するのでしょうか。悪人正機説の意義は、その社会的文脈の中で理解する必要があります。「下類」という言葉に注意してください。親鸞の当時、猟師は不殺生戒を犯して生き物を屠るということで差別されがちでした[12]。悪人正機説は、そういう人に救いの手を差しのべるものと一般に解釈されます。ですから、反差別という点に、悪人正機説の一つの大きな意義があるのです。

これは、動物権利論の観点から、どう評価できるでしょうか。動物権利論によれば、人間の生命権と他の動物の生命権が両立しない場合、人間の生命権を優先することが容認されます。少し考えてみましょう。土地は有限です。土地は良い土地から占有されていきます。ということは、人口が十分に多い場合、一部の人は土地からあぶれます。良い土地から排除されるわけです。例えば、極寒の地です。そういう所では、植物が十分に育ちません。ですから、必要な栄養源として動物に頼らざるをえないでしょう。日本でも同様です、山間部に僅かな農地しかもっていなければ、そこで生産される米や野菜だけでは生きていくことができません。そういう場合、動物を殺して食料を補わざるをえないと思われます。ですから、農耕によって生計を立てることができない人が動物を殺して食べることを、動物権利論は許容します。

このように考えられるので、動物権利論から見て、殺生が必ずしも往生の妨げにならないという親鸞の教えは適切なものと評価できます。では、殺生が往生の妨げにならないからといってドシドシ殺生してよいということになるでしょうか。なりません。そういう勘違いを「本願ぼこり」と呼びます。救われるということに安住してドンドン悪いことをしてよいと思う勘違いのことです。どうしてかというと、殺生が必ずしも往生の妨げにならないというのは、例外的状況での例外規定にすぎないからです。例外規定は原則を無効にするのではなくて、原則を立てた上で原則が当てはまらない例外的状況を認めるにすぎません。今の場合、例外的状況というのは、猟師の人たちが猟をしないでは生きていくことができないということです。その場合でも、生きていくのにどうしても必要な限りにおいて殺生が許容されるにすぎないと思われます。例外的状況では例外規定が当てはまるとしても、例外的状況でない場合に例外規定は当てはまりません。ですから、猟師ではない一般の人が一般的に殺生をしてよいということには決してなりません。これは、「いくら薬があるからといって、好きこのんで毒を飲むものではない」と述べて、親鸞が戒めている通りです[13]。

現代に目を転じてみましょう。現代の日本に猟師はいません。猟師を職業（生業）としている人がいないという意味です[14]。狩猟免許をもち、狩猟者登録をしている人はいます。けれども、この人たちは基本的に趣味として狩猟を楽しむ人たちです。ですから、動物を殺して食べなくても、生活に困らないでしょう。狩猟をしない私たちも同様です。私たちも、動物を殺して食べなくても、生きていくのに困りません。ですから、現代日本のほとんどの人にとって、悪人正機説の例外的状況および例外規定が当てはまりません。

例外はあります。現代の日本に、猟師はいませんけれども、漁師はたくさんいます。その人たちは漁業で生計を立てています。すぐに転職するのも容易ではないでしょう。ですから、漁師の場合、生きていくために殺生もやむを得ないと言えるかもしれません。食肉処理場で働く人たちについても同様です[15]。さらに、最近は野生動物の肉を売る店があります。そういう所で業務の一部として狩猟をする人たちがごく少数います。その人たちについても、生きていくために殺生もやむを得ないと言えるかもしれません。

いずれにせよ、例外的状況にはないほとんどの人にとって、悪人正機説は肉食を正当化しません。

❖三種の浄肉説

最後に、三種の浄肉説を検討しましょう。これは実は古くからある考え方で、『四分律』という仏典に書かれています。こうです。

三種の浄肉あらば食うべし。もし故見ならず、故聞ならず、故疑ならざれば食らうべし。もし我が為に故殺するを見ず、我が為に故殺するを聞かず、もしは家中に頭脚皮毛血あることを見ず、また彼の人は是れ殺者にあらず、ないし十善を持ち、彼れ終に我が為の故に衆生の命を断ぜず。かくの如きの三種の浄肉はまさに食すべし。(16)

少し難しいですね。解説していきます。まず、三種の浄肉であれば食べてよい、というのです。三種というのは、故見でなく、故聞でなく、故疑でもない、ということです。故見でないというのは、自分のためにことさらに動物が殺されるのを見ていないという意味です。故聞でないというのは、自分のためにことさらに動物が殺されたと聞いていないという意味です。故疑でないというのは、家中に動物の頭や脚や皮や毛や血が見当たらず、家の主人が殺生をするような人でなく不殺生戒を守っていて、自分（私）のために決して動物を殺したりしないという意味です。そういう三種の肉は浄肉なので食べてよい、というのです。

ところで、「三種の浄肉」という表現は、少し不正確というか、誤解のもとになります。というのは「三種の浄肉」という表現は、浄肉に三種類があるかのような印象を与えるからです。しかし、「三種の浄肉」という考えの趣旨は、右の引用文から明らかなように、食べてよい肉の三つの条件ということです。この三つの条件というのは、そのうちのどれか一つを満たせば肉を食べてよいというのではなくして、三つの条件すべてを満たした場合にそういう肉は食べてもよいというのだからです。

この三条件は、不見、不聞、不疑とも表現されます[17]。簡単に言うと、自分のために動物が殺されるのを見なかったし、そういうことを聞かなかったし、そういう疑いもない、ということです。

実は『四分律』でも三種の浄肉の直前に、三種の不浄肉の説明があります。こうです。

もしことさらに殺すものは、食すべからず。この中ことさらに為に殺すとは、もしは故見・故聞・故疑なり。かくの如きの三事の因縁あるは不浄肉なり、我れ食らうべからずと説く。もし我が為にことさらに殺すを見、もしは可信人の辺より、我が為にことさらに殺すと聞く。もしは家中に頭あり、皮あり、毛あり、もしは脚血あるを見る。またまたこの人よく十悪業をなす、常にこれ殺者なり、よく我が為にことさらに殺すならん。かくの如く三種の因縁不清浄の肉は食うべからず[18]。

これも少し難しいので、解説します。まず、自分のためにことさらに殺された動物の肉を食べてはいけない、というのです。自分のためにことさらに動物が殺されたかどうかは、どうやって分かるのでしょうか。それを引用文は、故見、故聞、故疑という三つの観点から説明します。故見とは、自分のためにことさらに動物が殺されるのを見た場合ということです。故聞とは、自分のためにことさらに動物が殺されたと信頼できる人から聞いた場合ということです。故疑とは、家中に動物の頭や皮や毛や脚や血があるのが見えたり、あるいは家の主人が悪い人で日頃から殺生をする人で、きっと自分（私）のためにことさらに動物を殺したのだろうと思われる場合ということです。この三つの観点は、自分で直接見た場合、人から間接的に聞いた場合、状況から推測される場合というようにまとめられるでしょう。

三種の不浄肉の場合、故見、故聞、故疑という三種の条件をすべて満たしている必要はありません。どれか一つの条件を満たしさえすれば、不浄肉になります。ですから、「三種の浄肉」と違って、「三種の不浄肉」は不正確な表現ではありません。不浄肉は本当に三種類あるわけです。おそらく、三種の不浄肉という考えが最初にあって、それを後で簡便に言い換えたのが三種の浄肉説だと思われます。

いずれにせよ、今引用した三種の不浄肉の説明は、重要な論点を明らかにしてくれています。どうして肉が不清浄になるか、です。それは、自分が殺生に因果的に関わっているということです。それは、「我が為にことさらに」という何回も繰り返される表現が強調しているところです。不殺生戒を思い出してください。不殺生戒は、「生きものを（みずから）殺してはならぬ。また（他人をして）殺さしめてはならぬ」というのでした。つまり、自分が動物を殺してはいけないだけではないのです。自分が原因となって他人に動物を殺させてもいけないのです。ですから、三種の不浄肉という考えは、自分が殺生しないことを前提しています。自分が殺生しないことは、言うまでもないことなのです。そのことを前提した上で、自分が、他人が動物を殺すことの原因になってはいけない、というのです。自分のために他人が動物を殺した場合、責任の点で、自分が動物を殺すのと変わりません。ですから、自分のために他人が動物を殺した場合、そういう肉は不浄肉であって、食べてはいけない、というのです。

まとめましょう。肉を食べるために動物を殺してはいけません。ですから、動物を殺して、肉を食べてもいけません。三種の不浄肉という考えの重要な論点は、このとき動物を殺す作業をするのが自分か他人かは関係ないということです。

三種の浄肉説は、不殺生戒が肉食の禁止と同じではないことを明らかにしています。この点は、動物権利論も軌を一にします。例えば、野生動物が勝手に崖から落ちて死んだとしましょう。動物権利論によれば、その動物の肉を食べることはなんら間違いではありません。動物の権利を侵害していないからです。仏教の観点からも、この事例は三種の浄肉に当たります。ですから、不殺生戒を守るにしても、肉を食べてよい場合がありうるのです。

この点は、原始仏典『ブッダのことば』でも、殺生がなまぐさであるのに対比して、「肉食することが〈なまぐさい〉のではない」と何回も述べられる通りです[19]。ですから、しばしば仏教は肉食そのものを禁じているわけではないと言われますけれども、そのことは完全に正しいと言えます。仏教が禁じるのは、殺生であり暴力です。

❖私たちが手に取るのは浄肉か、不浄肉か

このように、三種の浄肉説、およびそれと不殺生戒との関係を理解した上で、現代の私たちの生活に目を転じましょう。私たちが商店で肉を買ったり、飲食店で肉料理を注文したりするとき、その肉は浄肉でしょうか、それとも不浄肉でしょうか。第一に、私たちは、動物が殺されるところを見ていません。第二に、店や飲食店の人は私たちに、「今、お客さんのために動物を殺してきましたよ」などと言ったりもしません。ですから私たちは、そういう話を聞きません。第三に、状況から推して、

動物が私たちのために殺されたという疑いがあるでしょうか。この点に関しては、疑いというよりも確信があります。動物は消費者のために殺されたのだからです[20]。もちろん客は商店や飲食店で肉や肉料理を買い求めるとき、「この動物を殺してくれ」と言って買うわけではありません。動物が殺されるとき、動物に「○○様用」と名札が付いているわけでもありません。しかし、それにもかかわらず、動物は、消費者という不特定集団が消費するために殺されます。私たちは肉を買い求めることによって消費者になり、動物を殺害する畜産業に加担します。しかも、消費者の集団は不特定とはいえ、かなり安定的です。というのは、肉を買い消費する人は、繰り返し肉を買い消費するからです。ですから、私たちは、動物が消費者のために殺されたことを知っているので、そういう不浄肉を食べることは許されません。

それだけではありません。たしかに私たちは通常、動物が殺されるところを見ません。でも、見ようと思えば、比較的簡単に見ることができます。食肉処理場を見学できるからです。にもかかわらず見ないとすれば、それは意図的に見ていないのです。それはちょうど屠殺現場にいて目を閉じているのに似ています。この場合、なぜ目を閉じるのかといえば、自分のために動物が殺されることが分かっているからです。もちろん、それだけの理由ではないですけれども。というのも私たちは、自分のために動物が殺されるのでない場合であっても、動物が殺されるのをあまり見たくはないからです。ですから私たちは、動物が殺されるところを意図的に見なかったとしても、（消費者である限り）自分のために動物が殺されたことの責任は免れません。同様に、店の人は通常、私たちに「この動物は、お客さんに食べていただくために殺されました」ということを言いません。私たちはそういうことを聞きません。しかしこれも、聞こうと思えば、聞いて調べることができます。目の前の肉がいつどこで殺された動物の肉であるのか、流通経路をたどることができます。「ああそうか、この肉を私か、ひょっとしたら別の消費者が消費するために、いついつどこそこで動物が殺されたのか」ということが分かります。私たちは、自分を意図的に無知の状態においておくとしても、自分のために動物が殺されたことの責任を免れません。

このように見てくると、現代日本において、私たちが通常買い求める肉は、不浄肉であって、浄肉ではありません。ですから、食べることが許されません。では、現代日本において浄肉というのはありうるでしょうか。例えば仏教徒であるＡさんが、Ｂさん宅を訪ねたとしましょう。Ｂさんは、Ａさんが仏教徒であることを知らなかったとしましょう。そこでＢさんは、Ａさんに肉料理を出したとしましょう。この肉は、Ａさんにとって浄肉でしょうか、それとも不浄肉でしょうか。おそらくＢさんは、自分で食べるためにか、Ａさんに食べてもらうために肉を買ってきたのでしょう。いずれにしても、消費者が食べるために動物が殺されたことに変わりありません。Ａさんは、そのことが分かるはずです。Ａさんは、勝手に死んだ動物をどこかからＢさんが手に入れてきたのだろうと推測する理由もないでしょう。そういう話はありそうにないからです。ですから、この場合も、Ｂさんが出した肉は、Ａさんにとって不浄肉であり、食べることが許されません。

ということは結局、現代の日本において私たちが肉を食べることは、三種の浄肉説によっても正当化されないということです。では、仏教徒であって肉を食べる人は、どうして肉を食べるのでしょうか。分かりません。

思い出してください。不殺生戒は、動物を殺すことに反対するだけではありません。暴力一般に反対し、動物を傷つけることにも動物の自由を奪うことにも反対します。そうであれば、自分が肉を食べない場合であっても、仏教徒は、工場式畜産や動物実験、競馬や動物園・水族館、漁業などに反対する十分な理由があります。しかしながら、肉を食べる仏教徒は、不殺生戒に基づいて、動物の権利や福祉を擁護することができません――自分自身が、不殺生戒を犯しているからです。

3 非暴力は素晴らしい

❖「動物」は「人間」を含み込む

動物権利論について、「動物には優しいけど人間には優しくない」という誤解をしている人がいるかもしれません。実際に、そういう誤解がときどき見られます。しかし、これは誤解です。この誤解は、「動物」という言葉の二義性に起因するかもしれません。つまり、「動物」という言葉は、広い意味では人間を含む意味で使われます。しかし、狭い意味では人間を含まない意味で使われます。動物権利論は、「動物」という言葉を広い意味で使います。それが、「動物」という言葉の本来の正しい使い方だからです。けれども、「動物」という言葉を受け取った側は、つい日常的な狭い意味で「動物」という言葉を理解してしまうのかもしれません。動物には権利があると聞いて、「なんだ、人間には権利がないのか」と早とちりしてしまうのです。しかし、これは誤解です。もともと動物権利論は、人間の基本的権利の拡張として生まれました。ですから、人間に基本的権利があるのは当然の前提なのです。ここで、人間に基本的権利があることを、次のように確認しておきましょう。

一、すべての動物には、基本的権利がある。
二、しかるに、すべての人間は、動物である。
三、したがって、すべての人間には、基本的権利がある。

このとおりですから、動物に優しい動物権利論は、人間にも優しいのです。この側面を、この節では見ていきたいと思います。

❖動物権利論と死刑制度

動物権利論は、どのように人間に優しいのでしょうか。それは人間を殺してはならない、傷つけてはならない、行動の自由を奪ってはならない、と主張します。考えてみれば、当たり前のことですよね。でも、動物権利論は、この人間の基本的権利を真剣に受け止めます。そうすると、どうなるでしょうか。人間を殺してはいけません。人間には殺されない権利があるからです。ところが残念なことに、他人の基本的権利を侵害する人がときどき出てきます。例えば、誰かが誰かを殺してしまった場合、どうしたらよいのでしょうか。殺した人を捕まえて、裁判にかけ、適切に処罰します。それは、殺した人が道徳的存在だからです。道徳的存在だから、殺した人は、その行為を道徳的に評価され、しかるべき報いを受けるわけです。ここまでは、すべての人が同意するでしょう。

動物権利論が日本の現行刑法に賛同しない点は、死刑制度に反対するというところです。死刑制度は、人間を合法的に殺す制度です。もちろん、死刑は合法的です。しかし、人を殺すことを合法にするような法律は、道徳的に間違っています。すべての人に、殺されない権利があるからです。それに対応して、私たちには、他人を殺さない義務があるからです。

言うまでもないことですけれども、死刑制度を難しい問題にしているのは、死刑判決を受けるような人はすでに誰かを殺したということです。ですから、しばしば、「人の生命権を侵害したような人間に、自分の生命権を尊重してもらう資格はない」などと言われます。このような言い方は、生命権を約束事と勘違いしています。約束事というのは、「あなたが私の生命を尊重してくれるなら、私もあなたの生命を尊重する」というような相互的な取り決めです。もし生命権がこのような約束事であったならば、約束を取り交わしていない人の間では生命権がない、ということになってしまいます。しかし、生命権とは、正しく理解すれば、約束事に先立ってあり、約束の内容を制約するようなものなのです。この点は、第1章で、自然権という言葉で述べたところです。ですから、約束を破ったように見える犯罪者にも、生命権はあるのです。

人はどうして他人を殺したりするのでしょうか。いろいろな理由があるかもしれません。でも例えば、AさんをBさんが憎いとか殺してやりたいとか思ったとしましょう。Bさんがそう思うのには、きっとそれなりの理由があるのでしょう。しかしだからといって、BさんがAさんを殺してよいということにはなりません。それは、Bさんの殺人感情よりもAさんの生命権のほうが重要だからです。このことは、殺人が起こる前にも、殺人が起こった後にも言えることです。ですから、個人がもつ生命権は、当人の不法行為によっても、他人の殺人感情によっても否定されません。

動物権利論は、同様に、拷問にも反対します。すべての人には、傷つけられない権利があるからです。

動物権利論は、今述べたように、人を殺すことに反対します。そこから、死刑制度だけではなく、戦争にも反対します。というのは、死刑制度が人を合法的に殺す制度であるように、戦争も人を合法的に殺す法的枠組みだからです。人を殺すことを合法にする「戦争」という法的概念そのものが道徳的に間違いなのです。その点で、日本の憲法が第九条で国際紛争を解決する手段として戦争を放棄しているのは、高く評価できます。

しかしながら、生命権と生命権が両立しえないような場合、動物権利論は、自分の生命を守るために、他の生命を犠牲にすることもやむを得ないと考えます。例えば、他人から攻撃された場合です。自分が殺されないためには、相手を傷つけ、場合によっては殺すこともやむを得ないと考えます。これは、個人の場合には正当防衛と呼ばれます。同じことが、個人の集まりである国についても言えます。ですから、この点で、動物権利論は、絶対平和主義とは異なります。絶対平和主義というのは、絶対的に暴力の使用を否定する立場、たとえ殺されることになっても殺すな、という主張です。しかし、動物権利論の権利は、人を権利侵害から守るための防波堤としてあります。ですから、動物権利論は、権利侵害されかけた人の権利を主張する考えです。

❖動物権利論と人工妊娠中絶や着床前診断

次に、動物権利論は、人工妊娠中絶については、どういう立場になるでしょうか。生命尊重派と呼ばれる立場に近くなりそうです。日本での現在の一般的了解では、胎児が母体外で生存できると考えられる妊娠二十二週以降、人工妊娠中絶は違法とされますけれども、それ以前は許容されています。しかし胎児は、妊娠二十二週よりもっと早い時期に感覚能力を身につけるようです。動物権利論の考えによれば、そうした胎児にも生命権があります。しかしながら、生命尊重派と同様な立場になるわけでもありません。生命尊重派によれば、胎児は、卵子と精子が合体した受精卵の時点から、人間であり生命権があります。しかし、動物権利論の考えによれば、生命権があるかないかの分岐点は、何かを感じる能力があるかどうかです。受精卵がそのような能力を発達させるのは、いつ頃でしょうか。よく分かりません。胎児は妊娠八週には、何かを感じ自分で動きはじめるようです。妊娠十週には神経系が反応しはじめ、十一週には脳がほぼでき上がります。ただし、だからといって直ちに痛みを感じるのかどうかは、よく分かりません。これがよく分からないのは、部分的には、痛みの経験がどういうものかがよく分からないからです。それでも胎児が妊娠二十二週よりもっと前に痛みを感じる可能性は十分にあります。例えば、妊娠十四週の胎児は小さいとはいえ人間らしい体つきをしていて、人間らしい動きをするからです。他方、何かを感じるようになる前の胎児は、何も感じないので、権利もありません。ですから、中絶をしたとしても、胎児の権利を侵害しません。

ですから、動物権利論によれば、ごく早い時期の胎児――ちなみに妊娠八週未満の胎児を「胎芽」と呼びます――や受精卵や胚（受精卵が少し成長した段階）には権利がありません。ということは、受精卵や胚の研究利用も認められるということになります。もちろん通常は、受精卵や胚は母体内にいるので、研究利用することなど考えられません。けれども体外受精の場合には、受精卵や胚を研究利用することが可能になります。

この関連で難しい問題は、着床前診断です。着床前診断というのは、体外受精でできた胚を子宮に移植・着床させる前に、遺伝子や染色体の検査をすることです。特に問題になるのは、遺伝性疾患の検査です。何が問題なのでしょうか。着床前診断で検査の結果がよければ、胚を子宮に移植させます。検査の結果がよくなければ、そういう胚は移植しません。このような操作を英語でスクリーニング（screening）と呼びます。訳せば「選別」です。つまり選り分けるわけです。どういうことか分かりますか。胚が正常であれば、生まれさせる。胚に遺伝性疾患があって障害のある子供が生まれてくるようであれば、生まれさせない。このようなやり方には、暗黙のうちに、「障害のある子供は要らない」という価値判断が潜んでいるように思われます。そのゆえに、着床前診断に障害者団体は反対します。どう考えたらよいのでしょうか。

先ほど述べたように、動物権利論の考え方によれば、受精卵や胚には権利がないので、研究利用したり廃棄処分したりすることができます。ですから、遺伝子や染色体の検査結果がよくなかった場合、障害をもって生まれてくると考えられる胚を移植・着床させないで処分しても、危害を被る人はいません。では、本当に、着床前診断の結果、障害をもって生まれてくると考えられる胚を処分してもよいのでしょうか。分かりません。ここで皆さんに知っておいてもらいたいのは、動物権利論が万能ではないということです。動物権利論は、感覚能力のある動物の基本的権利を主張します。それだけです。他のことについては、何も言いません。ですから、動物権利論は、道徳的に考慮すべき唯一のことがらではありません。動物権利論では答えられない問題がたくさんあって、動物権利論の他に道徳的に考慮すべきことがいくつもあります。

これだけのことを確認しておいて、もう一度、着床前診断の問題に取り組んでみましょう。着床前診断に関して障害者団体が主として反対するのは、優生思想です。優生思想とは、簡単に言えば、優秀な人間、できる人間を誕生させて、劣等な人間、できない人間を誕生させないようにしようという考えです。ここには、「優秀な人間は存在するに値する、劣等な人間は存在するに値しない」という人間観が含まれています。こうした人間観を前提として医療機関が動き、そこで働く医師や看護師、そこにやってくる一般の患者さんがそうした人間観を当然のものとして受け入れるとすれば、私たちの社会はどのような社会になるでしょうか。障害のある人は、生まれてくるべきでなかった人ということになってしまうでしょう。生まれてくるべきでなかった人を現実に殺してしまうのが、「障害者の安楽死作戦」と呼ばれるものです。この作戦は、一九三九年から一九四四年までドイツで実際に行われました。[21] このような思想や行いに動物権利論は反対します。障害のある人も、障害のない人と同様に、生きる権利があるからです。優生思想が目指すのは、障害のある人がいない、優秀な人間だけの社会です。動物権利論が目指すのは、障害のある人を排除しない社会、障害のある人と障害のない人が手を取り合って生きていく共生社会です。

この最後の点は、それほど驚きではないかもしれません。動物権利論は、人権思想の延長線上にあって、人間の最も基本的な三つの権利を動物にも拡張したものだからです。ですから、すでに述べたように、動物権利論は、人間を殺してはいけないと主張します。そこから、障害のある人を殺してはいけないということは容易に出てきます。

❖人間と他の動物の共生

ここまできて、動物権利論が人間に優しいということを皆さんにだいぶん分かってもらえたでしょうか。私は、動物権利論が素晴らしいと思います。それは、まず、動物権利論が人間に優しいからです。それだけではありません。私は、この節の名前を「非暴力は素晴らしい」としました。一般に「非暴力」という言葉は、人間の間だけの非暴力として理解されているのではないでしょうか。つまり、人間は人間に暴力を振るうべきでない、暴力を振るって人を傷つけるのは間違いだ、というようにです。けれども、動物権利論の非暴力は、相手が人間に限定されません。人間に三つの基本的権利があるように、他の動物にも同じ三つの基本的権利があります。ですから、暴力を振るって人を傷つけるのが間違いであるように、暴力を振るって他の動物を傷つけるのも間違いです。

覚えていますか。第4章の第1節で私は、人間と野生動物の関係は基本的に棲み分けだとしました。その上で私は第4章の第2節で、境界動物というのも認めました。思い出してください。第4章第1節で私が引用した、昭和初期の兵庫県篠山町の様子、明治初年の東京の様子を。昔は、町の中、私たちの身近なところにも野生動物がいたのです。考えてみれば、人間が他の動物を傷つけなければ、他の動物が人間を恐れる理由もありません。皆さんは、ブッダの周りに動物が集まっている絵を見たことがあるでしょうか。涅槃図《ねはんず》や初転法輪図《しょてんぽうりんず》が有名です。涅槃図というのは、ブッダが亡くなったときの絵で、初転法輪図というのは、ブッダが初めて教えを説いたときの絵です。人間が他の動物を傷つけなければ、自然に人間と他の動物は仲良く生きていけるのでしょう。もちろん、時には人間が自分の利益を他の動物から守ることも必要でしょうけれど。アメリカに行くと、よく住宅街の中にもリスがいます。奈良市に行くと、やはり町中に鹿がいます。昔話ではよく狸が出てきます。そんなふうに、自分の家の庭に狸がいたら、素敵じゃないでしょうか。もちろん、狸がいるためには、近くに里山のような自然が必要です。これが、動物権利論が素晴らしいと私が思う、もう一つの理由です――つまり、人間と他の動物が仲良く生きていけるということです。

たしかに限界もあります。大型の野生動物が町中で生息するのは難しいでしょう。もし大型の野生動物が私たちの身近に来れば、私たちは脅威と感じるでしょう。有害な動物にも、近くに来てほしくないでしょう。ですから、そういう動物には、「こっちに来ないでね」と言わざるをえません。そういう動物がこっちに来られないように、私たちは対策をとってよいと思います。でも、それ以上に野生動物を排除する必要はありません。

ひょっとしたら、皆さんは私の立場について、「いったい、棲み分け論なのか、境界動物との共生論なのか、どっちなんだ」と思われたかもしれません。両方です。境界動物との共生は、一つの理想です。現実には、特に都会は土地がアスファルトやコンクリートやその他の構築物で覆われているので、野生動物が住むのは難しいでしょう。だいたいにおいて私たちは、すでに自分たちの生活圏から野生動物を排除してしまっています。ですから、棲み分け論の意味は、野生動物に「こっちに来ないでね」というだけではありません。むしろ、野生動物に、その生活圏を保障しなければならない、これ以上、野生動物の生活圏を侵害するな、ということに、棲み分け論のより大きな意義があります。つまり、野生動物の消極的権利の尊重です。その上で、もっと仲良くしようよ、というのが、共生論です。

❖非肉食文化の創造へ

では、そのように社会を変える、世界を変えていくためには、どうすればよいのでしょうか。国際連合教育科学文化機関（ユネスコ）憲章の前文に、次のように書かれています。

　戦争は人の心の中で生れるものであるから、人の心の中に平和のとりでを築かなければならない。

まったくその通りです。実にいいことが書いてあると思います。社会から、世界から暴力をなくすためには、人の心の中に非暴力のとりでを築かなければなりません。人の心が、非暴力の心になる必要があります。そのためには、まず、今生きている大人を説得する必要があります。そして動物の権利に納得した人は、例えば毎日の生活の中で肉を食べないことによって、動物権利論の思想を周りの人たちに示していく必要があります。それだけではありません。次に考えられるのは、次の世代の教育であり、新しい文化の創造です。

次の世代の教育に関して、日本の学校教育では命の教育という取り組みが行われています。生命を大切にする心を育てるのです。非常に良いと私は思います。ただし、生命ということで動植物が理解されています。たしかに動物も植物も生きています。しかしだからといって、動物と植物を一緒くたにするのは、それこそ味噌も糞も一緒くたにしています。そういう混乱があるために、命は命を犠牲にしないではいけないということから、間違った推論が行われます。つまり、人間は植物を食べないでは生きていけない、したがって人間は動物を食べないでは生きていけない、というのです。これが間違いなのは、人間は動物を食べないでも生きていけるからです。人間は、動物を他の仕方で虐待しなくても生きていけます。ですから、そういう間違った推論にごまかされるのではなく、素直に動物の生命を大切にしましょう。もちろん、植物の生命も大切にしましょう。ですけれども、大切にする仕方が植物の場合と動物の場合では異なるのです。その理由は、もう皆さん、分かりますね。私たち人間と同じように、動物は苦痛を感じるからです。

新しい文化を創造するというのは、こういうことです。今私たちは肉食文化の中で生きています。日本の社会は、百年以上の年月をかけて、肉をほとんど食べない社会から肉を大量に食べる社会に変わってきました。肉食文化の中で生きる人にとって、肉食は選択ではなく慣習になっています。だから個人的に非肉食を選択することは難しいのです。でも、肉をほとんど食べない社会から肉を大量に食べる社会に変わることが可能だったのですから、肉を大量に食べる社会から肉をほとんど食べない社会に変わることも可能なはずです。もちろん、十年や二十年ではすまないでしょう。そのように私たちの社会が変わるには、もっと何十年もかかるでしょう。けれども、肉をたくさん食べるようになるのにも何十年もかかったのですから、今度は反対の方向に頑張りましょう。きっと、「昔の人は肉を食べてたんだ」と言えるような社会がやってくるでしょう。

❖動物に優しくなれるなら、人間にも優しくなれるはず

最後に、私が非暴力は素晴らしいと思う最大の理由は、すでに述べた第一の理由と重なるかもしれません。第一の理由は、動物権利論という理論は人間にも優しいからです。これは理論上の話です。今、述べたいのは、動物に優しい人は人間にも優しいということです。動物虐待と人間への暴力的犯罪との関連は、早くから注意されてきました。典型的には、社会を震撼させるような残虐な犯罪者に、しばしば動物虐待の前歴があったからです。日本では、一九九七年の神戸連続児童殺傷事件が有名で、犯人の少年Aは動物虐待をしていました。このような結びつきは、しばしば世間の注目を集めます。しかしながら、動物を虐待した人が必ず人間にも暴力的犯罪を犯すことになるかといえば、そうでもないようです。また人間に暴力的犯罪を犯した人の全員に動物虐待の前歴があるかといえば、そうでもないようです。つまり、動物を虐待した人が必ずしも人間に暴力的犯罪を犯すとは限らない、人間に暴力的犯罪を犯した人に必ずしも動物虐待の前歴があるとは限らない、ということです。例えば、他の動物には優しくないけれども人間には優しいという人はいるでしょう。人間嫌いだけれども他の動物のことは好きという人もいるでしょう。

そのことを認めた上で、それでも、動物虐待と人間への暴力的犯罪には自然なつながりがあると思います。というのは、動物を虐待してよろこぶ人は、相手の動物が何であっても大して違わないだろうからです。虐待された、相手の動物が苦しむ様子は、その動物が何種に属すのであろうと、似たり寄ったりでしょう。ですから、犬を虐待してよろこぶ人が猫を虐待してよろこばない理由はないでしょう。そのように、犬や猫を虐待してよろこぶ人が人間に暴力的犯罪を犯してよろこばない理由は

ないように思われます。もし違いがあるとすれば、他の動物はたいてい小さくて無力なのでいじめやすいのに対して、人間はもう少し大きく強いので人間に暴力を振るうのは難しいということでしょうか。もう一つ、動物虐待よりも人間に対する暴力的犯罪のほうが、刑罰が重いということもあるかもしれません。

他方、動物に共感し動物の権利を正しく尊重する人は、やはり相手の動物が何種に属すのであろうと、相手の動物を虐待しないでしょう。ということは、人間に対しても暴力的犯罪を犯さないと考えられます。ですから、もし人々が動物に優しくなるならば、人間にも優しくなって、人間に対する暴力的犯罪が減るでしょう。このように他の動物にも人間にも暴力を働かない――これが、動物権利論が抱く非暴力の理想です。

4　まとめ

この章は少し変わっていたかもしれません。宗教や思想の話をしたからです。でもとにかく、この章では、主に次の八つのことを述べました。

一、キリスト教は、人間中心的解釈よりも、新約聖書の神が憐れみ深い方であることを考えれば、人間も他の動物に対して憐れみ深く振る舞うべきなので、菜食主義的解釈のほうが適切と思われます。

二、不殺生戒で知られる仏教は、動物に優しい宗教です。

三、鈴木大拙の肉食論は、肉食の正当化に成功していません。

四、悪人正機説と三種浄肉説は、肉食が許容される例外的状況を認めていますけれども、例外的でない普通の状況で肉食を一般的に正当化することはできません。
五、動物権利論は、人間にも基本的権利を主張し、人間にも優しい理論です。
六、動物権利論は、死刑制度に反対し、戦争も否定します。
七、動物権利論は、感覚能力のある胎児の権利も主張し、障害のある人の権利も主張します。
八、他の動物に優しい人は、人間にも優しくなります。

皆さんの中には、キリスト教や仏教にあまり馴染みのない人が多いかもしれません。そういう人にはキリスト教や仏教のことを少しは知ってもらえたかな、と思います。最後に、動物権利論と人権思想のつながり、それから、私たちの文化が動物に優しい文化に変わるべきだということを述べました。みなさんは、どう思いますか。二十一世紀の世界で、動物に優しい社会が実現したら素敵ではないでしょうか。

（1）一人であるはずの神が、なぜか文法的には複数形になっています。
（2）「マタイによる福音書」第六章二十六節、第十章二十九節、「ルカによる福音書」第十二章六節、二十四節を参照。
（3）『ブッダのことば（スッタニパータ）』、三九四句。
（4）『ブッダのことば』、四〇〇句。
（5）『ブッダのことば』、二四二句。
（6）『ブッダのことば』、七〇五句。

（7）『真理のことば』、一二九〜一三〇句。
（8）『宗教年鑑』、三五頁。
（9）『鈴木大拙全集　第27巻』、五〇五頁。旧字体や歴史的仮名遣いは新字体や現代仮名遣いに変えました。
（10）以上二つは、『歎異抄』の第三条と第十三条（現代語訳）、二二頁と六六頁。
（11）親鸞『唯信鈔文意』の三（現代語訳）、一九頁。
（12）商人の話もありますけれども、それは私たちの今の関心ではないので、省略します。漁師についても触れられていますけれども、中心は猟師のほうなので、猟師に焦点を絞ります。
（13）『歎異抄』第十三条、六五頁。
（14）国勢調査で用いられる日本標準職業分類に、「猟師」という職業は存在しません。
（15）漁業や食肉処理業に従事する人の場合、生きていくためには殺生もやむを得ないと言えそうです。ただし、その場合の「生きていくため」というのは、収入を得るためという意味です。栄養源として他に食べるものがないという意味ではありません。ですから、殺生はやむを得ないとしても、依然として肉魚を食べるべきでない、肉魚の消費者となるべきでないとは言えるかもしれません。
（16）『国訳一切経　律部三』「四分律」巻第四十二（三分の六）九七八、二五三頁。訳が少し古いので、適宜、漢字をひらがなに、歴史的仮名遣いを現代仮名遣いに変えました。以下同様です。
（17）『国訳一切経　律部六』「十誦律」巻第三十七（六誦の二）八四〇、三七五頁。
（18）『国訳一切経　律部三』「四分律」巻第四十二（三分の六）九七八、二五三頁。
（19）『ブッダのことば』、二四二〜二四九句。ただし、このように述べられるということは、仏教徒は肉食をしないものだという一般的な理解があったということでもあります。
（20）近代的な分業体制の中で、屠畜業者は消費者のために屠畜《とちく》を下請けしているにすぎません。
（21）この実際に行われた作戦は、「Ｔ４作戦」という作戦です。この作戦の一般的な呼称が「障害者の安楽死作

農林水産省「平成三〇年度馬関係資料」、https://www.bajikyo.or.jp/pdf/30kankeisiryou.pdf
――――「全国の野生鳥獣による農作物被害状況（平成三〇年度）」、二〇一九年。https://www.maff.go.jp/j/press/nousin/tyozyu/attach/pdf/191016-1.pdf
――――「平成三〇年畜産統計」、二〇一八年。
――――「平成三一年畜産統計」、二〇一九年。
ルース・ハリソン『アニマル・マシーン――近代畜産にみる悲劇の主役たち』橋本明子・山本貞夫・三浦和彦訳（講談社、一九七九年）。
ブッダ『真理のことば、感興のことば』中村元訳（岩波文庫、一九七八年）。
――――『ブッダのことば――スッタニパータ』中村元訳（岩波文庫、一九八四年）。
佛陀耶舎《ぶっだやしゃ》・竺佛念《じくぶつねん》訳『四分律』、境野黄洋訳『国訳一切経　律部一～四』（大東出版社、一九二九～一九三三年）に所収。
弗若多羅《ふにゃたら》・鳩摩羅什《くまらじゅう》訳『十誦律』、上田天瑞訳『国訳一切経　律部五～七』（大東出版社、一九三四～一九三五年）に所収。
文化庁『宗教年鑑　令和元年版』、二〇一九年。https://www.bunka.go.jp/tokei_hakusho_shuppan/hakusho_nenjihokokusho/shukyo_nenkan/pdf/r01nenkan.pdf
ペットフード協会「令和元年全国犬猫飼育実態調査」、二〇一九年。https://petfood.or.jp/data/chart2019/index.html
森英介「にわとり残酷物語」（『房総及び房総人』平成十三年八月号）三一～三三頁。http://www.morieisuke.com/essey05.html
八神健一『ノックアウトマウスの一生――実験マウスは医学に何をもたらしたか』（技術評論社、二〇一〇年）。
八木宏典監修『知識ゼロからの畜産入門』（家の光協会、二〇一五年）。

ラッセル&バーチ『人道的な実験技術の原理』笠井憲雪訳（アドスリー、二〇一二年）。

アルド・レオポルド『野生のうたが聞こえる』新島義昭訳（講談社学術文庫、一九九七年）。

Zamir, Tzachi, *Ethics and the Beast: A Sprciesist Argument for Animal Liberation*, Princeton: Princeton University Press, 2007.

初学者のための文献案内

ピーター・シンガー『動物の解放　改訂版』戸田清訳（人文書院、二〇一一年）。（英語の初版は一九七五年、邦訳の初版は一九八八年）

現代の動物擁護運動の出発点となった記念碑的著作です。主に動物実験と工場式畜産を批判しています。単なる非難ではなくて、なぜ動物実験や工場畜産を止めるべきかについて、明快な理論を提示したところに特徴があります。

●小著　三冊

ローレンス・プリングル『動物に権利はあるか』田邊治子訳（NHK出版、一九九五年）。

動物権利運動を中立的な立場から紹介した入門書です。工場式畜産と動物実験の問題が中心ながら、狩（罠）猟や毛皮利用や動物園にも論及しています。十八〜十九世紀の動物擁護運動の歴史が簡略に述べられているのが特徴です。

伊勢田哲治・なつたか『マンガで学ぶ動物倫理――わたしたちは動物とどうつきあえばよいのか』（化学同人、二〇一五年）。

日本語で書かれた、優れた入門書です。動物実験と工場式畜産だけではなく、動物園や野生動物から伴侶動物や外来生物、イルカ・クジラ漁までかなり広範に論じています。答えを出さないところに特徴があります。

デヴィッド・ドゥグラツィア『動物の権利』戸田清訳（岩波書店、二〇〇三年）。

動物の道徳的地位を真剣に考えることから出発する、簡便な入門書です。前半で、権利や動物、感覚や危害などの言葉の定義にこだわるのが特徴です。後半では、主に肉食、ペット飼育と動物園、動物実験について論じています。

●詳しい入門書

ゲイリー・L・フランシオン『動物の権利入門――わが子を救うか、犬を救うか』井上太一訳（緑風出版、二〇一八年）。

著者は、現在の動物権利論の代表者です。本書は、論理的な首尾一貫性が特徴で、動物には人間の財産にされない基本権があるという主張から、人間が動物を単なるモノとして利用することの一切――畜産や狩猟、漁業、動物娯楽、毛皮から動物実験や伴侶動物まで――を否定します。

●特定の問題について　四冊

パオラ・カヴァリエリ／ピーター・シンガー編『大型類人猿の権利宣言』山内友三郎・西田利貞監訳（昭和堂、二〇〇一年）。

人間の三つの基本権——生命、自由、拷問を受けない権利——をチンパンジー、ゴリラ、オランウータンにも認めよ、と要求する宣言です。その宣言に、さまざまな分野の学者がその宣言を支持する十六の論考を寄せています。

野上ふさ子『新・動物実験を考える——生命倫理とエコロジーをつないで』（三一書房、二〇〇三年）。

一九八〇年代後半から日本の動物実験廃止運動を主導してきた人の著作です。動物実験に関して、近い過去の日本の実情を教えてくれます。

佐藤衆介『アニマルウェルフェア——動物の幸せについての科学と倫理』（東京大学出版会、二〇〇五年）。

畜産動物の福祉について、日本で代表的な著作です。西欧の思想・実践を日本に伝えようとする姿勢で書かれているので、歴史、科学、倫理だけではなくて文化的な考察にも多くの頁が割かれています。

シェリー・コーブ『菜食への疑問に答える13章——生き方が変わる、生き方を変える』井上太一訳（新評論、二〇一七年）。

動物権利論の立場から、倫理的菜食に対して向けられる数々の質問に答えています。さまざまな疑問に答えるのみならず、乳卵菜食主義ではなくて完全な菜食を畜産の事実に即して主張する点に特徴があります。

あとがき

ようやく本書を書き終えることができました。ここまでお付き合いくださった読者の皆さんには、心からお礼を申し上げます。思えば、本書を書き始めたのは、四年も五年も前のことになります。第一稿を途中でボツにして、第二稿も途中でボツにして、第三稿目でやっと書き終えることができました。この機会に少し私的なことを書かせてください。

今から三十年ほど前、テキサス大学の大学院生だったときに私はピーター・シンガーの *Animal Liberation* を読みました。それを読んで直ちに私は説得され、こういうことをこそ哲学者は言わねばならない、と思いました。しかし当時、私は古代ギリシア哲学を勉強していました。ですから直ちに菜食主義者になったものの、自分の研究としては哲学史研究から離れることができませんでした。

日本に帰ってきて、一九九〇年代のことです。当時新進気鋭だったM先生が、ある学会で、「〜におけるなんとかかんとか」という哲学研究を批判して、「向こうの人の名前を出さないで哲学しようや」と言われました。そのとき私は、かっこいいな、と思って感銘を受けました。一九九〇年代、哲学は文献学ではダメだというような意識を少なからぬ人たちがもっていたと思います。しかしながら私自身はあいかわらず古代ギリシア哲学を研究していたので、文献学から抜け出すことができませんでした。

今の豊田工業大学に就職してから私は、まじめに考え論じるべき問題として正義の問題に取り組みました。私有財産論から始めて、遺産相続の問題、海外援助義務論、世界正義論へと歩を進めました。その間、生命倫理も勉強していました。そうこうしているうちに、あるとき、自分の残り時間が少なくなっていることに、はたと気づきました。また後でやろうと思っていたことをする時間が残り少ないことに気づいたのです。それで、ぜひともやっておきたいこととして動物倫理の研究に着手しました。それからの研究の成果が、本書になります。

本書では、イエス・キリストとゴータマ・ブッダを例外として、少なくとも本文では向こうの人の名前をほとんど出さなかったと思います。M先生の誘いになんとか応えられたのではないかと自負しています。

もう一つ、私に対して、「動物権利論なんて言うけど、お前はどうしてるんだ、肉や魚を食べないのか」と疑問をもたれるかもしれません。この点に関して私自身は、厳格でない純菜食主義を実践しています（純菜食主義は菜食主義の一種です。菜食主義者は英語でvegetarianと言います。ここから来た「ベジタリアン」という外来語はある程度普及しているので、本書の題名を『ベジタリアン哲学者の動物倫理入門』としました）。「厳格でない純菜食主義」というのは、自家撞着のような表現で申し訳ありません。こういうことです。一応、基本線は純菜食主義です。肉も魚介類も卵も乳製品も摂りません。しかしながら、日本では多くの食品に原材料として動物性のものが含まれています。そういう食品は、なるべく避けますけれども、すべてを避けることができるわけではありません。例えば、肉や魚が露骨に入っていれば、もちろん避けます。けれども、ごく少量が分からないような仕方で含まれている場合、食べています。例えば、うどんやパンです。ですから私の純菜食主義は完全ではありません。なるべく、できる範囲内で純菜食主義にする、ということです。皆さんも、純菜食主義は難しいから無理だ、と思わないでください。例えば、月曜日だけは肉や魚を食べないようにしよう、という小さな一歩でもいいのです。あるいは試行的に、「この一週間は肉なしでやってみよう、できるかな」というのでもいいと思います。

肉食は文化なんだ、と思うことがあります。私がまれに何かの間違いで肉（か魚）を口に入れてしまったとき、私は「ウエッ、肉（または魚）臭ぁ」と感じます。つまり、肉を美味しいと感じるのは、文化的学習の産物だということです。たしかに肉料理は美味しいでしょう。けれどもそれは多分に調理のゆえであって、肉そのものはそれほど美味しいものではありません。ですから、肉は美味しいという思いは、文化的偏見にすぎません。そういう偏見から解放されれば、私たちは新たな自由を手にすることができます。それは、肉を食べたいという欲求から自由になるということです。肉を美味しいと感じないのですから、食べたいとも思いません。こういう文化のほうが肉食文化よりもなぜ良いかと言えば、動物を虐待しないですむからです。

最後になりました。よくぞまあここまで生きてこられたもんだ、という不思議に感謝して、筆をおきます。

浅野幸治

二〇二〇年十月二十日

■著者略歴
浅野幸治（あさの・こうじ）
1961年　兵庫県に生まれる。
1984年　東北大学文学部卒業。
1989年　東北大学大学院文学研究科哲学専攻博士前期課程修了。
1997年　テキサス大学オースチン校大学院哲学科博士課程修了。
現　在　豊田工業大学准教授。哲学博士（テキサス大学オースチン校）。専攻／哲学・倫理学
著　書　『因果・動物・所有――一ノ瀬哲学をめぐる対話』〔共著〕（武蔵野大学出版会，2020年），『いまを生きるための倫理学』〔共著〕（丸善出版，2019年），H・スタイナー『権利論――レフト・リバタリアニズム宣言』〔翻訳〕（新教出版社，2016年），M・ヘルウィッグ『悩めるあなたのためのカトリック入門』〔翻訳〕（南窓社，2012年），他。

ベジタリアン哲学者の動物倫理入門

2021年 3月22日　初版第1刷発行
2021年11月30日　初版第2刷発行

著　者　浅野幸治
発行者　中西　良

発行所　株式会社　ナカニシヤ出版
〒606-8161　京都府左京区一乗寺木ノ本町15
TEL（075）723-0111
FAX（075）723-0095
http://www.nakanishiya.co.jp/

印刷／製本・モリモト印刷
＊乱丁本・落丁本はお取り替え致します。
ISBN978-4-7795-1552-1　Printed in japan

食物倫理入門
—食べることの倫理学—
R・L・サンドラー／馬渕浩二 訳

あらゆる倫理問題は食卓の上で交差する。フードシステム、貧困問題、動物福祉、生物工学、食べ物と文化……、多様な「食物問題」を根本から考える、「フード・エシックス」の第一歩。 二六〇〇円＋税

人間〈改良〉の倫理学
—合理性と遺伝的難問—
マッティ・ハユリュ／斎藤仲道・脇 崇晴 監訳

あなたはヒトを〈改良〉しますか？ 「最良の赤ちゃん」「救世主きょうだい」等、人間を〈改良〉する七つの方法を巡る、哲学者たちの主義主張を整理し、読者自身による倫理的決断への道を拓く。 二七〇〇円＋税

正義は時代や社会で違うのか
—相対主義と絶対主義の検討—
長友敬一

正義には、共通し揺るがぬ「核」があるだろうか？ プラトンからロールズまで、正義論の歴史を辿り、絶対主義と相対主義の長き相克の先にある、「人類共通の価値はあるか」という真の問いに迫る。 二六〇〇円＋税

技術の倫理
—技術を通して社会がみえる—
鬼頭葉子

「正しい技術者であるために守るべきことは？」「科学技術から利益を得ている私たちが心得るべきことは？」…。「高度な技術を利用する者」である全現代人に向けた「技術倫理学」の入門書。 二三〇〇円＋税

＊表示は二〇二一年十一月現在の価格です。